兒科醫師想的和你不一樣

0～5歲

幼兒照護圖解寶典

新生兒照護、嬰幼兒餵食、發燒感冒過敏等
常見疾病，教你養出健康寶寶

陳敬倫 著

不只有專業育兒知識，更具仁醫愛心

　　兒童是每個家庭父母的傳家寶，更是國家的未來希望。因此，在孩童成長的過程中，需要父母、社會予以保護，細心的照顧，提供食衣住行、家庭、醫療、良好的環境及社會福利等，讓孩童能在健康、溫暖的環境中成長茁壯。

　　陳敬倫醫師多年來從事於兒童醫療及兒童的健康照顧。他具備了醫師的專業素養，更有熱忱助人的特質，真誠直率，言所當言，懷抱著「兒童健康守護者」的信念，執筆整理了這本《兒科醫師想的和你不一樣》既富含育兒知識又充滿溫暖的好書。我由衷欽佩之餘，更誠懇地推薦本書，對於促進兒童健康及照顧兒童，既實用又非常有幫助。

　　本書著實讓讀者和兒科醫師拉進不少距離，也讓新手父母和育兒的照顧者更了解照顧兒童的應注意事項並陪伴孩子健康的成長。陳醫師很善於妙喻，針對育兒過程可能會遇到的問題及要注意的情況，殷殷道來，並深入淺出地分析兒童成長或可能疾病的種種機轉。陳醫師也提綱挈領地提醒讀者有關各種兒科疾病初露端倪徵兆及就醫、生活保健之道，在閱讀本書的過程中不禁讀來令人莞爾，且心情也為之舒坦，也讓照顧幼兒的父母們多充實了一些知識。

　　目前是資訊發達的時代，父母親很容易取得各種育兒的相關

知識。但也許在眾多的資訊中擷取正確的知識及適用的部分可能是困難之所在。「臭寶爸」在網路上之聲量，且有許多追蹤的粉絲群，身為兒科醫師又具備專業的育兒知識，絕對是家長們遇到問題時最可靠，且值得信賴的求助對象。

　　閱讀陳醫師的這本作品，著實讓同樣是身為孩子父親的我，重溫了迎接新生命的喜悅，呵護寶貝幼兒的過程，再次充實並精進了許多寶貴的育兒知識；而讓我更感動和咀嚼再三的，是書中字裡行間「臭寶爸」這份仁醫的愛心。

林口長庚紀念醫院兒童胃腸科主任

每個人都是新手爸媽

　　我是兒科醫師。看診時，需要解決爸爸媽媽照顧孩子遇到的各種疑難雜問，下診後，繼續接受朋友、同學、鄰居……育兒方面的諮詢和提問，雖然情境不同、問題各異，但相同的是大家都非常焦慮。

　　大家焦慮的原因，大概是因為社會形態的改變，我們每個人幾乎都是新手爸媽，而且後援不多。

　　以前的社會普遍是大家庭，親戚家人同住一個屋簷下，彼此互相幫忙，加上小孩生得多，孩子間哥哥姐姐照顧弟弟妹妹，從小就有育兒經驗（我小學時就幫忙照顧剛出生的弟弟）。反觀現代社會，大多是 1 ～ 2 個小孩的雙薪家庭，愈來愈多爸爸也參與照顧小孩的事務，大家的育兒經驗都不多，遇到育兒問題沒人可以請教，往往上網求助。

　　剛晉升新手爸媽的時候，我也很常在網路搜尋各類育兒文章，後來發現雖然網路搜尋很方便，但錯誤資訊很多，有些已經過時淘汰，有些則是商業贊助、內容偏頗，而且愈聳動嚇人的標題愈多人分享和曝光，看完文章不只沒有幫助，常常是自己嚇自己，愈看愈焦慮。

　　其實在台灣，因為醫療的進步和可近性高，只要孕婦規則產檢、寶寶出生完成新生兒的各項篩檢、按時施打疫苗和兒童健檢、有問題就找兒科醫師，孩子發生嚴重疾病的機會愈來愈少，

家長反而應該要多注意孩子的飲食習慣和餵食問題、預防意外事故、限制 3C 螢幕使用、牙齒和視力的保健、再忙也要陪伴孩子唸本故事書……

　　太多想分享的內容和叮嚀，一口氣還真說不完，因此，臭寶爸就將自己 9 年兒科醫師照顧兒科疾病的經驗、6 年當爸教養臭寶的育兒日常、和 3 年多在臉書「臭寶爸 - 兒科陳敬倫醫師」分享的衛教圖文整理成冊，除了希望給每位新手爸媽正確的資訊，也能全方位的照顧孩子的其他需求，育兒更加輕鬆上手。

　　　　　　　　　　　　　　　　　　　　陳敬倫

臭寶爸一家

執行長
安娜

兒科醫師
臭寶爸

小屁孩
臭寶

CONTENTS 目錄

Chapter

01

新手爸媽

初次為人父母好緊張，且新生兒又需要高度觀察、小心照料，新手爸媽初步最需要注意的事情有哪些？

1

母乳哺餵

母乳是寶寶最好的食物，然而，哺餵母乳學問多，要怎麼做，才是對媽媽、寶寶雙方都最好？

　　臭寶出生時，我正值第 3 年兒科住院醫師訓練（兒科專科訓練總共 3 年），各種兒童疾病的診斷、治療學了很多，但對健康寶寶的照顧則一竅不通，我和安娜跟大家一樣是新手爸媽，傻傻的養，結果追奶不順，母乳親餵 4 個月，就讓臭寶斷奶改吃配方奶了。

　　母乳是寶寶最好、也是最天然的食物，但哺乳並不簡單，不是生了寶寶、當了媽媽就能自然成功哺乳，常常需要產前的準備和產後不斷的練習才能愈來愈順手。因此孕期可以先了解餵母乳的好處、可能會遭遇的問題、參加各地的同儕支持團體活動，現在還可以預約國際認證泌乳顧問（IBCLC），制定適合每個家庭的哺育計畫或協助您解決哺餵母乳的各種困難。

　　哺餵母乳有說不完的好處，母乳的成分專為寶寶設計，營養足夠生長發育所需；初乳更富含免疫球蛋白、乳鐵蛋白等能增加免疫力的成分，喝母乳的寶寶可以減少呼吸道感染、中耳炎、腸胃道感染、嬰兒猝死症等多種疾病的發生，母乳親餵也可以減少寶寶未來體重過重或肥胖的問題，哺餵的過程更是促進母嬰親密與關係最好的方式。

媽媽的飲食注意

哺乳期間不建議飲酒或食用麻油雞酒等以酒入菜的料理，因為水和酒精（乙醇）會形成共沸物，無論使用何種烹調方式、燉煮多久，至少都會殘留約 5% 的酒精，而酒精會進入母乳且影響嬰幼兒的睡眠和腦部發展。如果無法拒絕長輩的好意，建議進食後至少間隔 2 小時再哺乳。

媽媽感冒吃藥、乳腺炎、服用抗生素等等，通常都可以繼續哺餵母乳，哺乳期間也不用避開容易過敏的食物，但應該避免吃到鯊魚、旗魚、鮪魚及油魚等大型魚類，減少甲基汞的暴露。

可以適量飲用咖啡，建議咖啡因每日攝取量不要超過 150～300mg。（超商大杯美式／拿鐵咖啡因約 100～200mg。）

哺餵建議

母乳雖然是寶寶最好的食物來源，但因人類生活飲食的變遷，也需要稍加調整，最好的例子就是維生素 D 的添加，目前美國與台灣兒科醫學會皆建議：純母乳哺餵或配方奶每日少於 1000ml 的寶寶，從新生兒開始每日口服補充維生素 D 400IU。

臺灣兒科醫學會建議：純母乳哺餵 4～6 個月時開始添加適當的副食品，並持續哺餵母乳至 1 歲以上。若因為工作、家庭、壓力或身體等因素而無法全母乳哺餵，也不用難過或感到自責，媽媽有權力決定哺餵孩子的方式，母愛的表現也不侷限

於餵母乳，媽媽要先照顧好自己（爸爸要先照顧好媽媽），才
能照顧好寶寶，不論是哺乳或是育兒都需要全家人、職場及社
會的支持。

寶寶缺乏維生素D，寶寶不會說！

為什麼缺乏 VitD

1 台灣孕婦 80％VitD 不足　　　2 純母奶哺餵

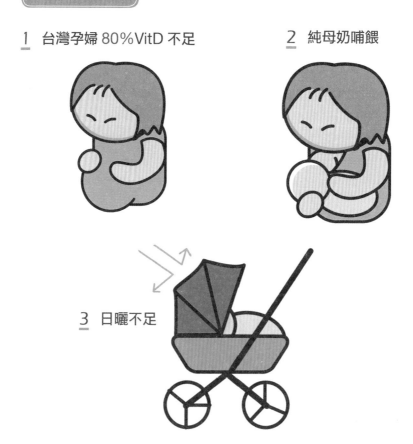

3 日曬不足

缺 VitD 會怎樣

1 影響免疫功能
增加過敏、感染風險

2 減少腸道鈣質吸收

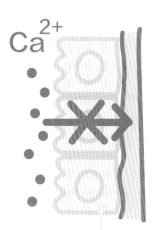

Ca^{2+}

容易骨折，嚴重
造成佝僂症。

如何補充 VitD

根據美國 & 台灣兒科醫學會建議：

1 純母奶哺育寶寶從新生兒開始

2 配方奶寶寶每日進食少於 1000ml

給予每日 400IU 口服維生素 D

2
如何挑選奶瓶和嬰兒配方奶

市面上的奶瓶、配方奶五花八門，是寶寶每天都要接觸的東西，在選擇上不可不慎。

　　安娜和臭寶出月子中心後，臭寶爸從醫院下班就接著要負責照顧臭寶（安娜戲稱說她要下班、和我交班）。下班後一起用過晚餐（餵奶），陪臭寶玩玩具或抱他在家裡走走介紹環境，然後幫他洗澡、睡前奶、半夜餵奶……真的很累，臭寶爸覺得在醫院值班還比較輕鬆。瓶餵雖然可能產生寶寶乳頭混淆的問題，但爸爸或其他家人對寶寶的照顧更有參與感，也能減輕媽媽的負擔。

奶瓶的選擇

　　寶寶出生後接觸的第 1 個餐具就是奶瓶，最常使用的材質有玻璃和塑膠，其他材質還有矽膠和不鏽鋼，奶嘴則多為矽膠所製成。

　　玻璃的主要成分是二氧化矽，玻璃奶瓶的優點是穩定耐高溫、透明、好清洗和消毒；缺點就是比較重、不方便攜帶，而且無論大人或小孩都容易失手摔破。

　　塑膠奶瓶則重量輕、不易破裂，材質又分為數種，早期的聚碳酸脂（PC）奶瓶於高溫時會溶出雙酚 A。雙酚 A（BPA）又

稱酚甲烷，是用來讓塑膠容器更堅硬或當金屬罐頭內的塗層，對身體的作用類似雌激素，可能造成性早熟、不孕、增加體脂肪、影響神經和免疫系統，目前已明文規定嬰幼兒奶瓶不得使用含雙酚 A 之塑膠材質。

現在塑膠奶瓶常見的材質有聚丙烯（PP）、聚醚（PES）、聚苯（PPSU），其他材質還有聚醯胺（PA）。PP 耐熱約 120℃，高溫消毒容易變形；PES 和 PPSU 則耐熱約 180℃，但相對較貴。

無論選擇何種材質，食藥署建議購買塑膠類奶瓶、奶嘴時，利用「前中後 3 法則」就可預防及降低風險喔！

● 使用前：購買具完整標示、信譽良好之產品。
● 使用中：注意標示上的材質特性、耐熱溫度及注意事項並遵照使用。
● 使用後：確實清潔、定期更換（3～6 個月），**如發現有刮傷、霧面或變形則應立即更換。**

配方奶符合規範就夠營養

0～4 個月嬰兒建議純母乳哺餵、補充維生素 D，但若因母乳不夠，或是其他因素無法哺育母乳時，可選擇符合聯合國世界衛生組織規範的嬰兒配方奶粉。如果父母有異位性皮膚炎、氣喘、過敏性鼻炎病史，或懷疑寶寶有過敏體質，則可以選擇部分水解配方奶粉。

無論使用哪種配方，只要符合規範，皆含足夠嬰兒成長的各種營養素，不需要額外補充鈣粉、蛋白等營養補充品，每天達

1000ml 的配方奶也含有足夠之維生素 D。部分水解或全部水解配方都只是先將牛奶蛋白結構破壞，營養成分和一般配方奶完全相同。

育兒小筆記

配方奶需用 70℃ 的開水沖泡，再放涼或用冷水沖泡奶瓶到適當溫度飲用，可以減少沙門氏菌和阪崎腸桿菌感染的機會。沖泡配方奶請遵照奶粉罐上說明，不要任意更動濃度。如果使用配方奶有任何問題，可以諮詢兒科醫師。

使用嬰兒配方奶的注意事項

使用符合規範的嬰兒配方奶粉。

按照說明沖泡奶粉，不要隨便更動濃度。

使用 70℃ 的開水泡奶粉。

Step 1
先加水

Step 2
後加奶粉

Step 3

再用冷水沖、泡到適當溫度

3
新生兒黃疸和排便

如何知道新生兒的健康狀況，觀察排便絕不可少，時刻注意黃疸問題，為寶寶健康把關！

　　身為兒童腸胃科醫師，門診常常有父母拿著手機拍的大便照片或是直接提包著新鮮大便的尿布，不好意思的請我看看顏色有沒有問題、是否有腹瀉。對兒科醫師來說，看大便再平常不過了，完全不用覺得麻煩醫生。其實當爸後幫臭寶把屎把尿的，更沒有在怕臭或怕沾到大便的啦！

新生兒黃疸

　　說到大便的顏色，就不得不提到新生兒黃疸和血紅素的代謝。簡單地說，新生兒有較高的紅血球數，但壽命卻較短，紅血球破壞後，血球中的血紅素會代謝產生膽紅素（呈黃色），加上新生兒肝臟吸收和轉換膽紅素的能力較差，造成出生後2～3天開始、第4～5天高峰的生理性黃疸。

　　未經肝臟代謝的膽紅素為非結合型膽紅素或間接型膽紅素，雖然對中樞神經有毒性，不過生理性黃疸很少高到造成腦部傷害，加上寶寶出院前都會確認黃疸數值，如有需要則施以特定波長的照光治療（照日光燈或曬太陽都沒有效果），讓爸媽可以安心帶寶寶回家。

母乳性黃疸

　　至於喝母乳的寶寶，因為剛開始的奶量不多造成寶寶脫水、排便量不足，可能讓黃疸值更高，通常不用停止母乳，持續母乳哺餵、增加餵奶頻率，愈吃愈好就會改善，或短暫補充配方奶，待泌乳量增加後再停掉配方奶。有些母奶寶寶會有持續大於 2 週的黃疸，這可能是因母乳中的某些成分影響了膽紅素的代謝，稱作母乳性黃疸，經醫師檢查無其他病理性因素後，可以繼續哺餵母乳，或暫停母乳 2 天（期間繼續擠母乳，避免退奶），待黃疸消退後再繼續哺餵母乳。

　　想知道寶寶奶有沒有喝夠，除了注意大便的顏色和次數、寶寶的體重是否有適當的增加（出生 5 天內可以容許有 10% 出生體重的生理性脫水），還可以觀察尿量和尿液的顏色，出生 6 天以上的寶寶每天至少要更換 6 片的濕尿布，如果奶吃得不夠，尿液量就會減少，甚至尿布上會出現橘紅色的結晶尿。

　　寶寶尿量不足需要更頻繁地餵奶，產後刺激愈多，母乳分泌就愈多。媽媽需補充足夠的水分，盡可能地放鬆心情，把不需要妳擔心的事都交給家人，媽媽只需享受和寶寶的親密接觸。若還是無法改善母乳不足的問題，可以諮詢專業泌乳顧問。

膽道閉鎖

　　寶寶大便的顏色和嬰兒肝膽疾病很有關係！因為經肝臟代謝的膽紅素為結合型膽紅素或直接型膽紅素，是膽汁的成分之一，膽汁由肝臟製造分泌、並儲存於膽囊，等到進食時排入小

腸。膽汁是綠色的，經過酵素和腸內細菌代謝後，慢慢轉為大便的黃棕色，因此如果寶寶有膽道問題，膽汁無法順利排入腸道，就會造成寶寶黃疸，而且大便呈灰白色或淡黃色。

　　膽道閉鎖在台灣的發生率較西方國家高，常被誤認為母乳性黃疸而延誤治療，如果能儘早診斷並接受手術治療，能大大提高存活率，減少需早期換肝的機率。為了儘早診斷膽道閉鎖和其他嬰兒肝膽疾病，把握嬰兒肝病篩檢 3 步驟：觀察皮膚黃疸（皮）、比對大便卡（卡）、抽血檢驗（抽），若寶寶出生第 14 天黃疸持續不退，或大便顏色為不正常的 1 ～ 6 號顏色，建議快點就醫抽血或扎足跟血檢驗直接型和總膽紅素。

新生兒排便

　　嬰兒出生頭 2 ～ 3 天的大便是黑綠色的胎便，如果有喝夠奶，大便顏色會變淡、愈來愈黃，但如果出生 24 ～ 48 小時內未解胎便則應做進一步檢查。新生兒（小於 1 個月大）通常每天會排多次便，之後大便次數慢慢減少，排便次數可以從 1 天 3 次 ～ 3 天 1 次，喝母乳的寶寶甚至可以 7 ～ 10 天才解 1 次便便，只要胃口和精神正常、沒有異常哭鬧或血便等等，都是可以接受的正常現象喔！

　　另外，因為母乳便稀稀糊糊的，常有媽媽問寶寶是不是有腹瀉，1 個簡單的判斷方式是：母乳便雖然稀糊，但對皮膚不刺激，屁股漂漂亮亮的；如果是真的拉肚子，便便裡有許多未消化的成分和消化液，對皮膚很刺激，所以很快就得尿布疹了。

　　對寶寶的大便顏色及性狀有任何疑問，可以拍照或就醫時將新鮮的便便帶去給醫生判斷參考。（隔夜的就不用了喔！）

嬰兒肝病篩檢 3 步驟 皮。卡。抽

萬聖節到了嗎?

Step 1

觀察寶寶皮膚黃疸問題

出生超過 14 天持續有黃疸未消退,請尋求兒科醫師協助。

Step 2

比對嬰兒大便辨識卡

若有疑慮,帶著糞便請教兒科醫師或撥電話大便卡諮詢中心:(02)2382-0886。

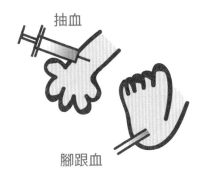

抽血

腳跟血

Step 3

抽血檢查

抽血檢驗直接型和總膽紅素。

4

尿布疹的類型與照顧

尿布疹讓寶寶嬌嫩的皮膚看起來又紅又腫，爸爸媽媽好緊張？尿布疹分好幾種，辨別清楚、對症下藥，不再焦慮！

　　尿布疹俗稱紅屁屁，大概是嬰兒最常見的皮膚問題了，簡單可分為 3 種類型：刺激型尿布疹、感染型尿布疹、過敏型尿布疹。

刺激型尿布疹

　　刺激型尿布疹是最常見、通常也是最先發生的尿布疹，因為尿液、糞便會刺激寶寶嬌嫩的皮膚，造成皮膚發炎破皮，所以主要發生在皮膚與尿布接觸的部位，或會接觸到大便的肛門周圍，特別是腸胃炎腹瀉的時候。

　　刺激型尿布疹的治療最重要的就是減少刺激物，例如勤換尿布、保持乾爽，腹瀉時用清水將屁屁上的刺激物洗掉（不要使用肥皂或清潔劑）、洗完用毛巾或衛生紙拍乾（不要用擦的），最後再塗上 1 層含氧化鋅、具有隔絕刺激物效果的屁屁膏就大功告成，有時發炎得比較厲害，醫生也會開立含類固醇的濕疹藥膏。雖然寶寶肌膚敏感容易發炎，但只要好好照顧，很快就會明顯改善。

感染型尿布疹

當刺激型尿布疹造成皮膚破損、保護力變差後，接著就容易引起感染型尿布疹，其中最常見的就是白色念珠菌的黴菌感染。

白色念珠菌本來就存在人類口腔、消化道、皮膚、陰道等，平常不會引起疾病，但在免疫力下降、皮膚粘膜破損時，就會過度生長、造成感染，所以常常發生在刺激型尿布疹之後，但病灶分布稍微不同，通常股溝、皮膚皺摺處較嚴重，外圍還會有一些點狀的衛星病灶，有經驗的兒科醫師一眼就可以看出來。治療上除了減少刺激物，還需要使用抗黴菌成分的藥膏，**感染型尿布疹如果使用到只含類固醇的濕疹藥膏，反而會變嚴重！**

尿布疹種類判別

1 　刺激型尿布疹

2 　感染型尿布疹

主要發生在接觸尿布或大便的部位。

常發生在股溝、皮膚皺褶處，會有一些點狀的衛星病灶。

過敏型尿布疹

　　如果寶寶常常沒事尿布疹、尿布疹很難好，除了念珠菌感染，還要考慮過敏型尿布疹，寶寶的皮膚在接觸清潔劑、濕紙巾、尿布等等時，可能產生皮膚過敏發炎症狀，所以遇到這類型的尿布疹需要盡可能減少皮膚刺激，並觀察寶寶是否在接觸特定物品時尿布疹會變嚴重。

　　臭寶也得過幾次尿布疹，尤其是便便後尿布沒有馬上換掉，雖然一開始心疼和自責，覺得沒有把他照顧好，但是很快就認清 1 個事實：寶寶的皮膚就是敏感且容易發炎，遇到一點皮膚濕疹或是不會影響健康的小問題，只要交給信任的兒科醫師，按醫師指示照顧用藥，就不用太焦慮啦！

5

嬰兒睡眠

寶寶睡得是否安穩，直接關係著爸媽能不能好好休息，互相配合，讓彼此都能好好睡一覺！

　　臭寶滿月回家後，就睡在我們幫他準備的嬰兒床，嬰兒床白天擺在客廳，晚上才推進我們房間。照顧臭寶最痛苦的就是半夜哭鬧、奶嘴又一直掉的時期，索性把嬰兒床推到我的床邊，一臂之遙，方便照顧他，臭寶爸也因此練就一身聽（哭）聲辨（口）位、不用睜開眼就能撿奶嘴塞奶嘴的神功⋯⋯還好他 3 個月大時，體重已經超過 6kg，睡前可以喝到 240c.c. 的奶，我們就開始讓臭寶慢慢戒夜奶、習慣自己睡過夜了。

嬰兒睡眠安全

　　想讓寶寶一夜好眠之前，你必須先認識睡眠安全。**趴睡會增加嬰兒猝死症的風險。**嬰兒猝死症是嬰兒經詳細檢查後仍找不到病因的死亡，並非單純的窒息，而側睡可能於睡眠中轉成趴睡，所以也不建議。兒科醫師皆建議 1 歲以下寶寶每次睡眠都應仰睡，寶寶仰睡最安全！

　　除了仰睡，喝母乳、避免二手／三手菸、父母同室不同床、嬰兒床上避免鬆軟物件、睡眠的環境避免過度悶熱等等，都可以減少嬰兒猝死的風險。

另外，許多家長或照顧者都有使用嬰兒床床圍或床邊護欄來保護寶寶、避免寶寶受傷，嬰兒床的床圍雖然可以減少頭卡在欄杆或身體碰撞欄杆的機率，但可能增加嬰兒窒息的風險，現在符合規範的嬰兒床欄杆間隔皆小於 6cm，不太會發生頭卡欄杆的情況，所以不建議嬰兒床使用床圍。

如果是睡一般床鋪或床墊，則不建議使用床邊護欄，因為曾有寶寶卡在床與床邊護欄間隙造成窒息的真實案例。市面上販售的多款床邊護欄，在使用時可能於寶寶翻身撞擊後產生間隙，如果寶寶卡在間隙裡，會因壓迫胸腔影響呼吸而造成窒息。

預防嬰兒猝死

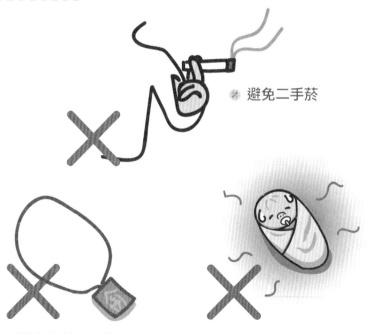

避免二手菸

避免配戴平安符、項鍊　　避免環境過熱、穿太多

❀ 餵母乳

❀ 父母同室不同床

❀ 仰睡，不趴睡、側睡

❀ 確立母乳餵食後可使用奶嘴

❀ 常規接種疫苗

❀ 嬰兒床避免鬆軟物件

幫助寶寶睡過夜

想要儘早讓寶寶戒夜奶睡過夜、讓大人脫離苦海之前，我們先來簡單了解一下嬰兒的睡眠。新生兒的每日睡眠需求約為 14～16 小時，吃飽睡、睡飽吃，一開始只能維持最長 4～5 小時的睡眠，隨著年紀成長和日夜作息的形成，逐漸分成 1 個較長（6～8 小時）的夜間睡眠和 3～4 個較短（2～3 小時）的白天小盹。

因此寶寶能一夜好眠的重點有：

1. 養成日夜作息，而不是日夜顛倒。
2. 建立安全感，半夜醒來能自行再入睡。

建立規律日夜作息

人類的生理日夜週期是由白天光線刺激眼睛視神經、抑制褪黑激素分泌而逐漸形成的，所以日夜作息建立最重要的就是白天多活動，可以多跟寶寶玩、唸唸故事、外出散步、白天小盹不要睡超過 3 小時，逐漸拉長寶寶白天清醒的時間；晚上則減少燈光的刺激，就算夜奶、換尿布都盡量在昏暗中進行。寶寶出生前都是處在黑暗的環境中，所以不用擔心寶寶怕黑。

如何讓寶寶自行再入睡

其實大人小孩都會發生半夜醒來的情況，尤其是跟別人一起睡的時候更容易互相干擾睡眠。1 個較長的夜間睡眠是由數個睡眠週期所組成，睡眠週期主要由相對淺眠的快速動眼期和熟

睡的非快速動眼期交替循環，在快速動眼期，寶寶可能做夢、發出聲音、揮動手腳，也比較容易被吵醒。

　　通常大人半夜醒來可以很順利的重新入睡，但是如果你在床上入睡、半夜在客廳清醒，你會不會覺得驚恐？同樣的，寶寶在爸媽的懷裡邊搖邊安撫的入睡，半夜醒來發現自己單獨在床上，會不會覺得害怕？因此，讓寶寶能自行再入睡最簡單的方式，就是維持入睡和半夜醒來一樣的環境，1 個有安全感、熟悉的環境。

　　這絕對不是叫爸爸媽媽不能抱或安撫。寶寶哭的時候，確認不是肚子餓了、尿布沒有濕、沒有發燒或明顯身體不適，一樣可以抱或搖一搖，但是如果寶寶想睡了，一定要讓他在昏暗的床上睡著。無論你抱著他睡、或是讓他自己床上睡其實都是在訓練他的睡眠習慣，然而這 2 者的結果天差地遠。

育兒小筆記

　　通常 3 ～ 6 個月大是讓寶寶習慣自己睡過夜較好的時間點，不過因為寶寶氣質、親餵或瓶餵、照顧者或其他家人作息等因素的影響，每個寶寶適合的方式不盡相同，沒有所謂的標準做法，大人和寶寶互相配合或磨合出的相處模式就是最適合彼此的方式。

6
嬰兒腸絞痛

寶寶無故大哭不止？爸媽最頭痛的嬰兒腸絞痛，其實有很多
警訊症狀可以觀察！

　　嬰兒腸絞痛是新手爸媽的夢魘，雖然寶寶餵飽了、換過尿布
了、也沒有發燒或其他身體不適，但寶寶就是哭個不停，不讓
爸爸媽媽休息……。

　　臭寶雖然也有容易哭鬧的時期，但不到嬰兒腸絞痛的程度。
因為他有過敏體質，我們盡量哺餵母乳，不夠的量則選擇部分
水解配方奶，並使用包巾包覆增加安全感等方式，漸漸的，他
就愈來愈好帶了。

嬰兒腸絞痛的診斷

　　嬰兒腸絞痛通常發生在寶寶 3 個月大內不明原因的哭鬧，
每天大於 3 小時、每週大於 3 天、至少 1 週。雖然名為嬰兒腸
絞痛，但其實不一定和腸子有關係，有腸絞痛問題的嬰兒常常
是高需求和高敏感的寶寶。

　　臨床上，兒科醫師會先仔細詢問和檢查是否出現警訊症狀，
如：是否經常發生嚴重溢奶或嘔吐、有無過敏症狀或過敏體質
家族史、生長或發育有沒有遲緩，甚至血便、嚴重腹脹、腹瀉
等等其他明顯的身體不適。

如果都沒有警訊症狀或需矯治的疾病，大多不需要進一步檢驗或使用藥物，雖然不用治療，但在門診反而需要花更多的時間安撫爸爸媽媽，並給予改善餵食和照顧技巧的建議，不然寶寶一定會被帶去收驚、喝符水（笑）。

改善餵食和照顧技巧

腸絞痛的寶寶常常有肚子脹氣的問題，不過，肚子脹氣通常是嚴重哭鬧吞下太多空氣造成的結果，並不是真的因為肚子脹氣而哭鬧。針對肚子脹氣，可以順時針幫寶寶按摩肚子，或手握寶寶腳踝做騎腳踏車的動作幫助排氣、排便。因為薄荷醇與類似物質具有神經抑制作用，想藉此作用抑制哭泣並無助益，且在未滿 2 歲嬰幼兒的嚴重不良反應報告較多，所以目前**不建議使用含薄荷醇與類似物質的脹氣膏塗抹腹部**。

若是懷疑寶寶有胃食道逆流的情形，可以餵食後直立抱著10 ～ 15 分鐘，採用斜躺（上半身抬高30°），縮短餵食間隔、少量多餐等方式改善胃食道逆流症狀，除非胃食道逆流太嚴重，造成生長遲緩、吸入性肺炎等才需要使用藥物，甚至開刀治療。

使寶寶有安全感的方式有製造類似於子宮裡的睡眠環境，例如使用包巾包覆或利用除濕機、電風扇等等製造背景低頻噪音。臭寶小時候睡覺時我們也播放過古典樂，倒不是要讓他變聰明，而是有個基本背景音，寶寶比較不會被突如其來的聲響驚醒。

寶寶哭鬧的時候，當然是可以抱起來安撫，但是原地抱起嬰兒腸絞痛的寶寶通常沒有效果，可以試試邊走邊輕搖寶寶。親餵或使用奶嘴也都有一定的安撫作用。最後，與寶寶說說話或

唸本故事書吧！研究發現胎兒時期，透過聽覺刺激，寶寶一出生就對爸爸、媽媽的聲音有明顯反應，聽到父母的聲音能讓寶寶比較安心。

如果以上方法都沒有效，針對喝配方奶的寶寶可以選擇使用部分水解配方，減少因牛奶蛋白過敏造成寶寶腸胃不適的可能性；若是喝母乳的寶寶，媽媽應嘗試避免牛奶、刺激或易過敏的食物，因為牛奶蛋白或是過敏食物的成分還是可能跑到母乳裡，造成腸胃過敏症狀，另外，研究發現母乳寶寶額外補充特

嬰兒腸絞痛處理原則

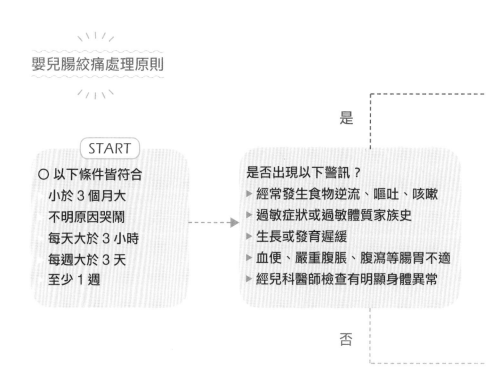

START

○ 以下條件皆符合
小於 3 個月大
不明原因哭鬧
每天大於 3 小時
每週大於 3 天
至少 1 週

是

是否出現以下警訊？
▶ 經常發生食物逆流、嘔吐、咳嗽
▶ 過敏症狀或過敏體質家族史
▶ 生長或發育遲緩
▶ 血便、嚴重腹脹、腹瀉等腸胃不適
▶ 經兒科醫師檢查有明顯身體異常

否

定益生菌（Lactobacillus reuteri）也能有效減少每天哭鬧的時間，可以嘗試看看。

育兒小筆記

嬰兒腸絞痛是排除其他問題後所下的診斷，所以若寶寶不明原因哭鬧，還是要帶給兒科醫師做個簡單的評估喔！

考慮胃食道逆流、牛奶蛋白過敏、乳糖不耐症、腸胃或其他身體疾病

母奶寶寶 ▶

▶ 媽媽嘗試避免牛奶、刺激或易過敏的食物
▶ 寶寶補充特定益生菌 Lactobacillus reuteri

沒改善

配方奶寶寶 ▶ 使用部分水解配方

改善餵食和照顧技巧
▶ 按摩肚子、幫助排氣
▶ 使用包巾增加安全感
▶ 邊走邊輕搖安撫寶寶
▶ 背景低頻噪音
▶ 親餵或使用奶嘴
▶ 與寶寶說話、唸故事

7

新生兒篩檢和自費超音波

新生兒一出生，各種檢查項目迎面而來，然而愈來愈多的自費篩檢，有哪些是必要且急迫的呢？

　　臭寶出生時，除了常規新生兒篩檢，還自費做了腦部、心臟和腹部超音波檢查，當時臭寶爸還只是小小住院醫師，自己不懂得做超音波，只好掏錢做，後來幫新生兒做超音波時，才了解爸爸媽媽有許多考量，例如保險。到底新生兒篩檢、自費超音波在做什麼？要不要做？還是要等保險完再做？

常規新生兒篩檢

　　西醫強調找出嚴重但是可以治療或預防的疾病，而給予的處置需要有實證醫學支持是有效益的。例如台灣提供的常規新生兒篩檢，包含蠶豆症、先天性甲狀腺低下症和多種罕見的代謝疾病，都是有特殊治療或飲食，可以預防疾病發作或防止產生嚴重併發症。

　　常規新生兒篩檢於出生 48 小時後採驗少量腳跟血，1 次可以檢驗 21 項政府規定的應受檢項目（傳統 11 項，2019 年 10 月新增 10 項），大約 1 週就有報告出來，非常安全和方便，檢驗結果偶爾呈現偽陽性（沒有疾病但檢驗異常），先不用太擔心，只要儘快接受複檢即可。

自費篩檢

　　除了常規新生兒篩檢，還有串聯質譜儀、龐貝氏症、法布瑞氏症、嚴重複合型免疫缺乏症（簡稱 SCID）等等愈來愈多的自費項目，通常都是罕見、嚴重但可以治療的疾病，有任何問題或需求可以諮詢醫護人員。

育兒小筆記

嚴重複合型免疫缺乏症（SCID）是 1 種罕見的遺傳疾病，因免疫缺損，通常會在出生 1 年內因嚴重感染死亡，如果早期診斷，可以接受骨髓移植或臍帶血幹細胞移植等治療。SCID 寶寶應避免使用活性疫苗，如輪狀病毒疫苗或卡介苗，所以有接受自費 SCID 檢查的寶寶會等檢查報告出來後才接種以上疫苗。

新生兒聽力篩檢

　　新生兒中重度聽力障礙發生率高達 3‰（千分比），如果可以在 3 個月大前診斷，6 個月前開始治療，其將來在聽力、語言和認知方面都可以正常發展；反之，太晚治療則會造成發展遲緩和永久性的中樞聽覺異常。針對每個台灣出生的寶寶，政府都有補助新生兒聽力篩檢，如果新生兒原接生院所未提供篩檢服務，出院後要儘快前往合約醫療院所受檢喔！

自費超音波檢查

　　自費超音波檢查是藉由非侵入性的聲波來檢查腦部、心臟、腹部、髖關節，是種非常安全的檢查，寶寶在媽媽產檢時就已經接觸很多次了，不過因為產前的超音波檢查是隔著媽媽肚皮和羊水做的，清晰及仔細程度是有差別的。國內外調查研究顯示，產前檢查正常的寶寶於出生後接受超音波檢查仍有 6～8% 的異常，不過也不用太擔心，大部分都是一些不危急的問題。

　　以腹部超音波為例，最常見的就是腎臟異常，大部分是腎盂擴大（俗稱輕微水腎），這些寶寶通常只需要定期追蹤至腎盂擴大緩解即可，但常常被列入拒絕保險對象，造成困擾。剩下比較有意義的異常只有 1～2%，包括水腎、腎上腺出血、腎臟發育不全、多囊性腎病變、肝腫瘤、膽道囊腫、卵巢囊腫等等。

育兒小筆記

　　常規新生兒篩檢、新生兒聽力篩檢最好一出生就完成檢查，早期診斷早期治療，至於其他自費檢查、自費超音波檢查則可依爸爸媽媽需求安排適當檢查時間，但如果寶寶有任何身體不適，應立即就醫，**不要因為保險本末倒置**，延誤了寶寶的治療。

1 分鐘認識腎盂擴大和水腎

兒童由於先天構造異常導致泌尿道阻塞或尿液逆流，引起腎盂積水、腎盂擴大，甚至水腎。

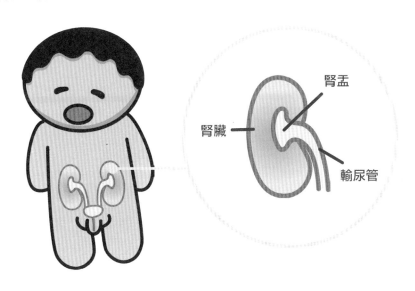

POINT 水腎的嚴重度分級

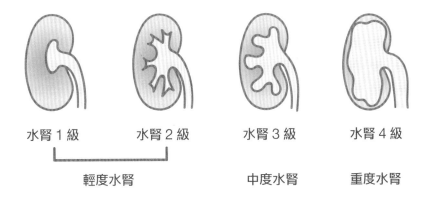

| 水腎 1 級 | 水腎 2 級 | 水腎 3 級 | 水腎 4 級 |

輕度水腎　　　　　　　　中度水腎　　　重度水腎

腎盂擴大和水腎有什麼症狀？

通常一開始是沒有症狀的，但因為泌尿道阻塞，容易發生泌尿道感染、結石、腎臟發炎，而有發燒、腹痛、噁心嘔吐、血尿等狀況。

發燒　　　　　　　嘔吐　　　　　　　血尿

大部分無症狀的寶寶隨著年紀長大逐漸改善，只需固定追蹤至正常為止。

🔔 臭寶爸小叮嚀

有腎盂擴大或輕度水腎的寶寶照護與一般寶寶無異，如有不明原因發燒需檢查是否泌尿道感染。

8
公費與自費疫苗

對於抵抗力弱的寶寶來說，疫苗的存在非常重要。新手爸媽更要注意公費疫苗的施打，照顧寶寶的同時還能省荷包！

　　除了公費疫苗，臭寶小時候打過及吃過許多自費疫苗：肺炎鏈球菌疫苗 1 支自費 3000 多元，打了 4 劑；輪狀病毒 1 劑 2000 多元，吃了 3 劑；A 肝疫苗 1 劑 1000 元左右，打了 2 劑；5 歲時又追加了 1 劑水痘，花了約 1800 元；還有每年 4 價流感疫苗 900 多塊……臭寶爸荷包大量失血呀！不過現在許多重要疫苗都陸續轉為公費，幫父母省了不少錢。

　　疫苗真的是兒科最重要的發明之一，預防了許多嚴重疾病，大大減少嬰幼兒的住院和死亡率。到底孩子需不要需要這些公費或自費疫苗呢？以下簡單介紹幾個門診時大家比較會有疑問的疫苗。

B型肝炎疫苗

　　B 型肝炎疫苗是目前寶寶出生後第 1 個接種的公費疫苗，之後在 1 個月大、6 個月大時，共完成 3 劑，若媽媽為 B 型肝炎帶原者（s 抗原陽性），寶寶還要在出生 24 小時內接種 B 型肝炎免疫球蛋白（HBIG）。

　　為什麼寶寶一出生就要施打 B 型肝炎疫苗呢？因為 B 型肝

炎帶原者主要由垂直傳染所造成，近 9 成 B 肝帶原者的媽媽也是帶原者，而嬰兒感染 B 型肝炎 9 成會變帶原者，造成反覆肝炎，未來有肝硬化、肝癌的風險。

自從台灣新生兒全面施打 3 劑 B 型肝炎疫苗、媽媽 B 肝帶原寶寶施打免疫球蛋白，B 肝帶原率由 10% 降到 1% 以下，連肝癌的發生率也下降了。不過，目前的預防策略下還是可能有高達 10% 的失敗率，所以**如果媽媽為 B 型肝炎帶原者，建議寶寶於 1 歲時抽血檢驗 B 型肝炎和抗體。**

另外，B 型肝炎抗體可能隨著年齡增長而消失（保護力約 10 ～ 15 年），因為大人得到 B 型肝炎轉成帶原者的機會不高（約 3 ～ 5%），所以如果抗體消失，可以在和醫師討論後，自費施打 B 型肝炎疫苗。

輪狀病毒口服疫苗

輪狀病毒是 1 種腸胃炎病毒，5 歲以下兒童如果得到輪狀病毒，很容易因上吐下瀉到診所就醫、甚至脫水跑急診、住院打點滴，輪狀病毒疫苗就是用來預防因輪狀病毒感染而嚴重腸胃炎的口服疫苗。

目前有 2 劑型和 3 劑型的自費口服疫苗（有些縣市有補助），都很有效，但要注意服用時限，使用上第 1 劑建議要在出生後 6 ～ 12 週服用，最後 1 劑建議要在出生後 24 ～ 32 週內完成，延遲口服時程會稍微增加嬰兒腸套疊的機會，若醫師沒有主動提起，常常家長想讓寶寶吃疫苗的時候已經過了可以口服的時間。

流感疫苗

　　目前預防流感最好的方式就是每年施打流感疫苗。流感疫苗有 3 價（含 2 種 A 型、1 種 B 型）和 4 價（含 2 種 A 型、2 種 B 型）之分，台灣公費疫苗已全面升級為保護效果比較好的 4 價疫苗了。

　　孕婦任何孕期都可施打流感疫苗；6 個月以下嬰兒不能施打疫苗，所以爸爸、媽媽或其他照顧者可以施打疫苗來保護寶寶不被傳染；6 個月～ 8 歲兒童，第 1 次施打流感疫苗需要間隔 1 個月，共施打 2 劑；9 歲以上僅需施打 1 劑。對蛋過敏的兒童仍可以施打疫苗。

　　所有 6 個月以上的兒童都應在流感疫苗開始施打時（每年 10 月左右），儘快施打疫苗以提供最佳的保護力對抗流感病毒，雖然流感疫苗的保護力只有 7、8 成，打了疫苗還是可能得流感，但是可以減輕嚴重度和發生重症的機會。

肺炎鏈球菌疫苗

　　肺炎鏈球菌是人類常見的致病菌，有 90 幾種血清型別，除了能在感冒時引起中耳炎、鼻竇炎等併發症，也常在 5 歲以下兒童、65 歲以上老人造成肺炎、敗血症、腦膜炎、關節炎等侵襲性感染。

　　台灣已全面公費施打 13 價結合型肺炎鏈球菌疫苗（含 13 種血清型），於寶寶 2 個月大、4 個月大、1 歲時共施打 3 劑，以減少嬰幼兒的侵襲性肺炎鏈球菌感染症。也可以在寶寶 6 個月大時自費多接種 1 劑肺炎鏈球菌疫苗，能再增加一點保護力。

另外，肺炎位居國人 10 大死因第 3 位（僅次癌症和心臟疾病），建議阿公阿嬤符合資格可以公費施打 1 劑 23 價多醣體肺炎鏈球菌疫苗，或自費施打 1 劑 13 價結合型肺炎鏈球菌，減少肺炎的威脅。

MMR疫苗

即麻疹腮腺炎德國麻疹混合疫苗，這是 1 種同時可以對抗麻疹、腮腺炎、德國麻疹的 3 合 1 疫苗，於 1 歲、5 歲公費共施打 2 劑。副作用偶爾發生，但因為是活性疫苗，類似感冒有潛伏期，打完疫苗後不會馬上不舒服，以麻疹來說，如果產生發燒或出疹的副作用，最常發生在施打後的 5 ～ 12 天。

因為歐美、日本、東南亞不時有麻疹疫情，加上國人近年出國旅遊頻繁，所以台灣也偶有麻疹發生。針對 1981 年以後出生的成人，因為疫苗的保護力會隨時間衰退，如果擔心被傳染或即將前往有麻疹發生的地區，可以在諮詢醫師後自費施打疫苗。女性接種疫苗後至少 1 個月內避免懷孕。

水痘疫苗

水痘病毒是 1 種傳染力非常強的病毒，感染水痘除了引起發燒、全身水泡和非常癢外，偶爾也會發生蜂窩性組織炎、肺炎、腦炎等嚴重併發症，而且感染水痘痊癒後，病毒會潛伏在身體裡，等到年紀大、免疫力下降時，以帶狀皰疹（俗稱皮蛇）的形式復發，帶狀皰疹後的神經痛可以持續數月之久，也讓患者很困擾。

　　水痘疫苗是 1 種活性疫苗，於 1 歲時公費施打 1 劑。但研究發現接種過 1 劑水痘疫苗的孩子中，還是可能得到水痘，通常病程較短、症狀較輕（水泡 50 顆以下），稱作為「突破性感染」，如果施打第 2 劑水痘疫苗能減少 8 成突破性感染，建議於 1 歲施打 1 劑公費疫苗後 3 個月、或 4 ～ 6 歲上小學前自費施打第 2 劑。

A型肝炎疫苗

　　A 型肝炎是由 A 型肝炎病毒藉由糞口途徑或危險性行為傳染的急性肝炎，會有發燒、倦怠、嘔吐、數天之後黃疸等症狀，致死率約 3‰，通常兒童症狀較輕微或不明顯。

　　台灣目前（2017／01／01 後出生的寶寶）於出生滿 1 歲、間隔 6 個月共施打 2 劑公費疫苗，可提供 20 年以上的保護力。針對沒有施打疫苗的兒童或成人，建議前往中國和東南亞等流行區、從事餐飲醫療幼保、有藥癮或危險性行為等高危險群自費施打 2 劑疫苗。

我國現行兒童預防接種時程

疫苗＼接種年齡	24小時內儘速	1個月	2個月	4個月	5個月	
B型肝炎疫苗	第1劑	第2劑				
卡介苗					1劑	
白喉破傷風非細胞性百日咳、b型嗜血桿菌及不活化小兒麻痺疫苗（5合1疫苗）			第1劑	第2劑		
口服輪狀病毒疫苗（2劑型或3劑型）			第1劑（自費）	第2劑（自費）		
13價肺炎鏈球菌疫苗			第1劑	第2劑		
水痘疫苗						
麻疹腮腺炎德國麻疹混合疫苗						
活性日本腦炎疫苗						
流感疫苗						
A型肝炎疫苗						
白喉破傷風非細菌性百日咳及不活化小兒麻痺混合疫苗（4合1疫苗）						

	6個月	12個月	15個月	18個月	21個月	24個月	27個月	滿5歲～入國小前
	第3劑							
	第3劑							
	第3劑（自費）							
	追加1劑（自費）	第3劑						
		第1劑						第2劑（自費）
		第1劑						第2劑
			第1劑			第2劑		
			← 初次接種2劑，之後每年1劑 →					
		第1劑		第2劑				
								1劑

修改自衛生福利部疾病管制署網站內容

Chapter

02

嬰幼兒餵食

父母常疑惑：孩子的營養夠嗎？餵食要注意什麼？其實只要把握幾個重要的原則，小孩就能吃得開心又健康。

1

嬰兒要不要喝水？

在很多長輩的觀念裡，多喝水能解百病，雖然水對人的重要性無需再多言，但寶寶對水的攝取，可不是愈多愈好哦！

　　嬰兒要不要喝水？可不可以喝水？大概是門診最常被詢問的問題之一，也可能是這一代和上一代教養第 1 個爭執的問題，甚至有媽媽帶著老公和婆婆一起來聽我的解釋……。

　　答案很簡單，嬰兒當然可以喝水，但不需要喝水，因為無論母乳或配方奶提供的水分就足夠嬰兒身體所需，所以喝夠奶的寶寶才會有 1 天換 6 片相當重量的尿布，如果尿量不足、出現粉紅色結晶尿，那應該多餵奶，不是餵水、糖水或蜂蜜水。

為什麼寶寶不能吃蜂蜜？

蜂蜜有毒！？

嬰兒肉毒桿菌中毒的來源為攝食含有此菌孢子之食品，肉毒桿菌孢子普遍存在於環境中，蜂蜜也可能被汙染。

肉毒桿菌中毒

1 歲以下嬰兒，因免疫系統未成熟，且腸道菌叢發展未完全，如果食入肉毒桿菌孢子，細菌在腸道內增殖並產生毒素，造成肌肉張力低下、全身性虛弱，有時會發展至呼吸衰竭而亡。

兒科醫師建議

為降低嬰幼兒肉毒桿菌中毒之風險，注意食物的保存方式，並確實將食物加熱、煮熟。

1 歲以下嬰幼兒避免餵食蜂蜜。

水的攝取與對寶寶的影響

寶寶喝太多水就會喝不下奶，或是等於在胃裡稀釋奶，反而影響寶寶的營養攝取，而且 1 歲前腎臟未成熟，喝過多水無法即時排出身體，容易造成低血鈉（俗稱水中毒）引發抽痙！臭寶爸曾經照顧 1 位 3 個月大的寶寶，因為吞嚥問題放置了鼻胃管，沒幾天寶寶就因抽搐送到加護病房，檢查發現寶寶低血鈉、懷疑水中毒，仔細問才發現媽媽照顧時，為了把鼻胃管管壁的

奶垢沖乾淨，灌了不少白開水。

不喝水會便祕？

　　另外，兒童便祕真的跟不愛喝水無關，多喝水也不會改善便祕啦！我重新翻閱最新版兒童肝膽腸胃教科書關於功能性便祕共 11 頁的原文，從頭到尾都沒有提到小孩不喝水會便祕。相關的兒童研究發現多喝水沒有增加排便，針對大人的研究則發現只有尿量變多。雖然水是經由腸道來吸收，但是負責調節的是腎臟，喝再多水也只是變成尿而已，所以不要再說便祕是因為不喝水了。

　　如果這樣解釋，阿嬤或外婆還是不能接受，為了家庭和諧，那就喝奶完塞個 20 ～ 30ml 白開水當漱口應付一下囉！

何時開始喝水？

　　那寶寶什麼時候要開始喝水呢？我建議吃副食品後，可以開始練習喝水，但不是強迫的，孩子口渴想喝自己喝，因為每個孩子奶量和吃副食品的多少有異，需要補充的水分也會因為活動、氣溫、發燒等因素影響，所以不是絕對的，不需要用公式計算 1 天喝水量或強迫小孩喝水。

　　臭寶從小就喜歡喝水，6 個月大就已經自己用吸管水杯喝得很好。讓孩子喜歡喝水的方式有：不要太早喝果汁或含糖飲料、找個孩子喜歡的杯子、大人以身作則喝給他看、告訴他喝水的好處等等，天氣炎熱之際適時加個冰塊，有趣、消暑又解渴，提供給爸爸媽媽們做參考喔！

2
嬰幼兒的生長與餵食

寶寶太依賴喝奶，會帶來後續許多飲食上、語言上的風險，
適時提供副食品是個好方法，還可以減少過敏體質！

　　每次帶臭寶去找阿公阿嬤時，常常被問臭寶是不是又瘦了？
有 1 種瘦，是「阿嬤覺得瘦」，為什麼阿嬤都會覺得孫子女瘦了、
質疑爸媽沒有好好餵養小孩呢？這就得從嬰幼兒的生長來說起。

嬰幼兒之生長

　　1 位足月寶寶出生約 3kg 左右，4 個月大時體重約為出生時
的 2 倍，來到 6kg 以上，是寶寶開始「澎皮」、最可愛的時候，
但 1 歲時的體重只有出生體重的 3 倍（男寶寶平均 10kg、女
寶寶平均 9kg），後面 8 個月的時間增加的體重約等於前面 4
個月增加的體重，當然覺得寶寶體重停滯了。

　　現在寶寶營養都很好，常常不到 1 歲就提前達標，但寶
寶長到 10 ～ 12kg 後，體重並不會無限制增加，1 歲以後每
年平均會多 2kg。出生第 1 年體重增加 6 ～ 7kg、身高長高
25cm，但第 2 年體重只有增加 2kg、身高還能長到 12cm 左右，
身形拉高，當然變成「阿嬤覺得瘦」。

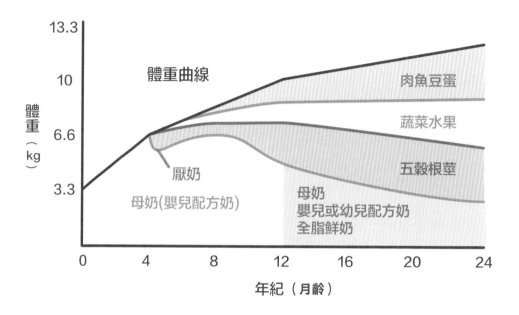

嬰幼兒的生長與餵食

體重曲線

肉魚豆蛋

蔬菜水果

厭奶

五穀根莖

母奶(嬰兒配方奶)

母奶
嬰兒或幼兒配方奶
全脂鮮奶

體重（kg）

13.3

10

6.6

3.3

年紀（月齡）

0　4　8　12　16　20　24

適時添加副食品好處多

　　寶寶 4 個月大後或體重接近出生的 2 倍時可能開始出現厭奶的現象：奶量減少、吃奶不專心、會好奇大人在吃什麼東西，這時就是開始添加副食品的好時機。嬰兒副食品的最新建議已不用避免高過敏食物，研究發現寶寶在 4 ～ 6 個月開始添加副食品、不用避開高過敏食物、少量多樣化的嘗試，可以增加免疫耐受性，減少食物過敏的可能性。

　　基隆長庚兒科針對 272 名嬰幼兒進行研究，分析發現 1 歲前曾吃過 5 種以上易致敏性食物（包含水果、蛋白、蛋黃、花生、魚、帶殼海鮮）的寶寶，比起只吃過不到 2 種易致敏性食物的

寶寶，過敏體質風險下降近 4 成，過敏球蛋白指數也顯著較低。國外研究也發現嬰幼兒吃比較多的魚可以減少未來過敏、氣喘和濕疹的機會，尤其是 4 ～ 8 個月大就開始吃魚的效果更明顯。

如果純母乳哺餵 4 個月後尚未添加副食品，則應開始每天補充鐵劑；純母奶哺餵 6 個月後未添加副食品、副食品吃得不好、有缺鐵性貧血等也容易缺鋅，如果有合併嘴周圍或四肢紅疹、食欲低下、生長遲緩、慢性腹瀉、免疫力差等臨床缺鋅症狀，應考慮補充鋅。

1歲前後的主食轉換

原則上，1 歲前奶為主食，1 歲後奶為副食、點心，可以繼續喝母奶、嬰幼兒配方奶、成長奶粉，或換為全脂鮮奶、保久乳。太晚吃副食品、太依靠喝奶或不吃固體食物的寶寶就會缺少咀嚼和吞嚥的訓練，可能影響正常的發音和語言發展，也提高未來營養不良和偏挑食的風險。

隨著時代變遷，嬰幼兒營養研究和認識可能持續會有新的建議，從現在來看，當時照顧臭寶時有許多不足之處，但身為爸媽，每個當下都是全心全意要給孩子最好的照顧，也就沒什麼好遺憾。

3

常見餵食問題

孩子吃飯掉滿地，整理起來好麻煩，乾脆自己餵比較快？小心方便、省事的心態，影響孩子一生的健康與飲食行為。

案例1：阿嬤帶2歲的小孫子來診所看感冒，小孩1年不見，竟然就胖了10kg，從1歲10kg長到2歲20kg！像吹氣球一樣，這個問題，比感冒還要來得嚴重多了！（1歲後平均1年增加2kg。）

案例2：媽媽帶3歲兒子來看便祕、胃口不好，孩子看起來有點瘦小，詢問飲食內容，不吃青菜水果、也不吃肉和魚，倒是正餐之外吃很多糖果餅乾。

案例3：爸爸帶2歲多女兒來看嘴唇、舌頭白白的症狀，診斷是白色念珠菌感染造成的鵝口瘡（大多發生在1歲以下），仔細問竟然還在吃奶嘴、用奶瓶喝夜奶。

飲食習慣很重要

臭寶爸每天都會遇到類似問題的孩子和照顧者（照顧者常常沒意識到有問題），常見的餵食問題如偏挑食或餵食困難幾乎都和不良的飲食習慣有關，良好的飲食習慣就是配合嬰幼兒的「生長」和「發育」吃對食物、用對餐具、合理的用餐時間和固定的用餐環境。

4～6個月大：添加副食品

寶寶 4 個月大後，頸部肌肉逐漸成熟，頭部姿勢控制愈來愈好，可能會厭奶，會對環境好奇，甚至對大人吃的食物感到興趣，這時就可以開始添加副食品。

此時添加副食品的目的主要是讓寶寶認識不同的食材和味道，同時訓練寶寶的咀嚼和吞嚥，並不是靠副食獲得營養或吃飽，所以量不用多、不用限定吃多少、吃幾餐，只要能剪碎、打爛的食物都可以試試看，盡量選擇天然、新鮮的食材，但避免生食（果泥可以）。少量多樣性的嘗試能產生免疫耐受性，減少未來食物過敏的機會。

餐具可使用寶寶專用的餵食湯匙或不鏽鋼的小湯匙。因為寶寶還坐不穩，可以利用哺乳枕輔助，或開始坐在餐椅並搭配靠墊，和孩子面對面餵食。

提早開始餵食副食品的寶寶通常會吃得比 6 個月大以後才嘗試副食品的寶寶好又快，也比較不會有缺鐵、缺鋅和偏挑食問題；持續依賴喝奶不吃副食品的寶寶雖然也可以養得白白胖胖，但未來產生的餵食問題明顯較多。

6～8個月大：習慣坐餐椅

寶寶 6 個月大之後，可以坐穩在有靠背的椅子上，手部的發展也愈來愈快，雙手拿杯子、自己用手拿著東西吃也逐漸難不倒寶寶。

讓孩子坐餐椅有許多好處，用餐有一定的地點，無論吃副食

品、點心、水果都堅持在餐椅上,讓孩子習慣並喜歡上餐椅,養成吃東西就是要坐好的習慣,也可以避免發生意外,被食物嗆到常常就是發生在邊吃邊玩的時候。

餐椅可以擺在餐桌旁和大人一起用餐,減少環境的刺激、避免分散寶寶的注意力,尤其避免邊看電視或 3C 螢幕,如果讓孩子看螢幕塞飯,小時候雖然輕鬆,卻減少練習自己用餐的機會。

坐穩餐椅後,可以在寶寶的盤子中擺放數種手指食物,例如米餅、切塊的水果、煮熟的蔬菜片,或棒狀的地瓜、胡蘿蔔、馬鈴薯,允許讓寶寶玩這些食物,不要怕髒,並尊重寶寶的胃口,不強迫餵食,1 次量不用太多,吃完再添。

幫寶寶準備 1 個可愛、有 2 個握把的水杯或吸管杯,讓寶寶可以自己依需求喝水,同時也是為了戒奶瓶做準備。

養成坐餐椅的習慣

 習慣坐餐椅,養成吃飯就是要坐好的習慣。

 減少環境刺激,避免邊吃邊看 3C 螢幕。

 尊重寶寶的胃口,不強迫餵食。

1歲前戒奶瓶，1歲後學用湯匙

　　1 歲前奶為主食，1 歲後奶為副食、點心，隨著年紀奶愈喝愈少、已經會用水杯喝水後，奶瓶就不是必須的。仍然用奶瓶喝奶大多是安撫作用，有的孩子因此喝下過多的奶，造成肥胖問題，除此之外，**延遲戒奶瓶也容易造成牙齒咬合不正、中耳炎**，用奶瓶喝夜奶的幼兒，通常都是躺著喝到睡著，沒有起來刷牙造成嚴重蛀牙（奶瓶性齲齒）。

　　1 歲後手部細動作發展已能握住湯匙，可以開始練習自己用湯匙吃飯，雖然會掉滿桌、滿地的食物，但他會做得愈來愈好。1 歲～1 歲半之間是訓練的黃金期，此時剝奪孩子模仿大人吃飯、想要嘗試自己吃的機會，未來需要餵飯、塞飯、拜託他吃飯的機率都會大大的提高。

育兒小筆記

　　嬰幼兒時期的飲食狀況和習慣對日後的健康影響深遠，是奠定個人一生飲食行為和健康的關鍵時期，貪圖一時方便、省事，長大以後會產生更多餵食和健康問題，而且矯正更為困難，所以拜託爸爸媽媽、阿公阿嬤不要再說「沒辦法呀」、「長大就會了」、「去幼兒園就會教」等不負責任的話了。

4
各種乳製品和替代品的差別

對於發育中的嬰幼兒來說，為避免影響骨骼成長，確保鈣質足夠真的很重要！在斷奶後，還是可以多多補充各類乳品。

從寶寶喝奶的氣質，大概可以看得出是「天生吃貨」或是「3口組」，前者一餓就大哭、喝奶很兇狠、咕嚕咕嚕一下子就喝光；後者常常喝奶時間到了還不會哭、喝奶溫吞、7 ～ 8 分飽就愛喝不喝的。臭寶就屬於天生吃貨，前 4 個月喝母乳，因母乳量不足，4 個月後換配方奶並添加副食品，搭配良好的飲食習慣，每餐都吃得又快又好，餵養起來很有成就感。

1 歲後，把剩下的奶粉喝完，臭寶就「斷奶」跟著大人一起喝全脂鮮奶了，夏天直接喝冰的，冬天微波加熱一下，有時加上各式各樣的穀物、麥片、果乾增添變化，維持每天 2 杯乳品的習慣至今。

持續喝奶，避免缺鈣

門診多次遇到跌倒時手一撐地板、正常活動跳一跳就骨折的孩子，因為台灣兒童缺乏維生素 D 和鈣質攝取不足的比例很高，維生素 D 可以促進鈣質的吸收，鈣質則是骨骼生長的材料，而鈣質最重要的來源就是乳品類，除了鈣質，乳品也提供了豐富的蛋白質。

　　1 歲前，奶為主食所以不太會缺鈣質，不需要額外補充鈣粉；1 歲後奶愈喝愈少，營養改由其他各類均衡飲食獲得，「**斷奶**」**不是不喝奶，而是不以奶為主食**，學齡前兒童仍建議持續每天 2 杯（240ml×2 ＝ 480ml）的乳品，避免鈣質不夠，影響骨骼成長。

　　那麼 1 歲後到底要喝什麼呢？答案是可以繼續喝母奶、嬰兒或幼兒配方奶（成長奶粉），或換為全脂鮮奶、保久乳、優酪乳、羊奶等等，有時候也可以喝豆漿，以下簡單比較各種乳製品和替代品的差別。

嬰兒或幼兒配方奶（成長奶粉）

　　添加豐富的礦物質、維生素和各式營養素，足夠嬰幼兒成長所需。對 1 歲以上的孩子來說，嬰兒或幼兒配方奶（成長奶粉）營養價值相當，並沒有差太多，需要用熱水沖泡和不方便攜帶是其缺點。

全脂鮮奶和保久乳

　　鮮奶和保久乳差別在滅菌的方式而有保存期限的不同，維生素 D 皆在製程中流失。對 1 歲以上的孩子，鮮奶和保久乳的營養價值相當。特別注意脂肪是 2 歲以下孩子生長發育重要的營養素，不用限制，所以請選擇全脂的鮮奶或保久乳。

　　因為營養成分非為嬰幼兒所設計，所以 1 歲以下不能喝鮮奶或保久乳為主食，但食用添加鮮奶或保久乳製做的麵包、蛋糕、布丁等等點心則無妨。

優酪乳和優格

優酪乳和優格由乳品發酵所得，營養成分和鮮奶、保久乳類似，特別的是優酪乳和優格富含乳酸菌，不過市售產品通常添加了很多的糖和香料，建議盡量選擇原味、無添加的產品。另外，優酪乳和優格中大部分的乳糖已經被乳酸菌分解，所以喝優酪乳或吃優格比較不會拉肚子，有乳糖不耐症的人可以嘗試看看喔！

羊奶

羊奶的營養和鮮奶相似，但有較高的鈣和維生素 A，脂肪顆粒較小，好消化吸收，但如果 1 歲以下的嬰幼兒要飲用羊奶，需選擇嬰兒專用配方，因為鮮羊奶的礦物質比例不適合嬰幼兒。

豆漿

有的人習慣早上給孩子喝豆漿，請注意，豆漿不是乳品，豆漿屬於豆魚蛋肉類，是豐富的植物性蛋白質來源，但缺乏構成人體必需氨基酸的甲硫氨酸，不含乳糖和膽固醇，且大多有加糖，鈣質也不足，喝豆漿的孩子需要額外補充富含鈣質的食物。

如果嬰幼兒因為全素（肉、蛋、乳品類都不吃）、乳糖不耐、牛奶蛋白過敏等因素，而無法喝牛奶或其他乳製品，此時可以攝取蝦米、小魚干、豆腐、豆乾、芥菜、綠豆芽等含鈣量較高的食物來補充鈣質。

　　其實，每種食物都有其營養價值，均衡飲食遠比單吃特定很營養的食物或營養補充品好。另外，同樣是乳品類，花一點心思、每天做點小變化或替換，例如鮮奶加穀物麥片、優格加水果，好吃又健康，不然每天都吃一樣的，大人都會吃膩了，小孩不會膩嗎？

各種乳製品和代替品的比較

	熱量（100ml）	特色與比較
嬰兒或成長配方奶	約67～70kcal	添加豐富的礦物質、維生素，以及其他營養素。
全脂鮮奶保久乳	約67kcal	豐富的蛋白質和鈣。 維生素D在製程中流失。
優酪乳	約67kcal	營養類似鮮奶，乳糖已經被乳酸菌分解。 常加了糖、香料等添加物。
羊奶	約67kcal	營養與鮮奶類似，含較高的鈣和維生素A。 1歲以下的嬰幼兒要飲用羊奶，需選擇嬰兒專用配方。
豆漿	30～50kcal	植物性蛋白來源，不含乳糖、膽固醇。 鈣不足和缺乏必需胺基酸甲硫胺酸，大多有加糖。

<u>5</u>

果汁和飲料，少喝為妙

小孩都愛香甜的果汁與茶飲，然而即使是 100% 的果汁，
糖分還是過高，茶類中的咖啡因，對孩子更是一大危害……

　　台灣的便利商店和手搖飲料店生意通常都很好，飲料不只
大人愛喝，小孩更是愛不釋手，每到放學的時候，學校旁的便
利商店和飲料店都是穿著制服排隊的學生，造成另 1 種兒童營
養不良，胖的因為攝取過多的糖分而更胖，瘦的因為喝飲料不
吃正餐而更瘦。

　　果汁是兒童最常接觸的飲料之一了，精確地說，100% 原
汁或濃縮還原的才叫「果汁」，10～99% 的稱作「果汁飲料」，
小於 10% 的只能稱作「果汁風味」或「果汁口味」，除了「果
汁」，其他幾乎都是由人工添加物和香精製造出來的！

　　因為完全不建議飲用「果汁飲料」和「果汁口味飲料」，
以下所討論或建議的「果汁」都是指 100% 果汁或濃縮還原。

喝果汁遠不如直接吃水果

　　無論自己現榨的、市售 100% 或濃縮還原的果汁，主要成
分依舊是水和過多的糖，果汁含的醣類包含蔗糖、果糖、葡萄
糖、山梨糖醇等等，高達 11～16%（母乳或配方奶約 7%），
營養價值低，但熱量卻很驚人。

其中，山梨糖醇（Sorbital）雖然是 1 種醣類，但人體僅能緩慢吸收部分山梨糖醇，過量的山梨糖醇會造成腹脹、腹瀉，所以兒童腹瀉或腸胃炎時應避免喝果汁，但相對的，如果有便祕問題，則可以補充含山梨糖醇或其他醣類的黑棗汁、蘋果汁、梨子汁，藉此幫助排便。

除了醣類，果汁還含有一些維生素、礦物質、抗氧化的黃酮類化合物如橙皮苷或花青素等對健康有益的成分，但建議直接吃水果，因為喝太多果汁除了會攝取過多熱量、造成營養不良，也會影響身高發育、容易蛀牙，太早接觸果汁或其他含糖飲料，孩子也比較容易不喜歡喝水。

育兒小筆記

美國兒科醫學會對於兒童果汁攝取量的建議：

1 歲以下兒童不建議喝果汁。

1 ～ 3 歲兒童每日果汁飲用量不超過 4 盎司（約 120ml）。

4 ～ 8 歲兒童每日果汁飲用量不超 4 ～ 6 盎司（約 180ml）。

7 ～ 18 歲兒童每日果汁飲用量不超過 8 盎司（約 240ml）。

咖啡因飲料對孩子害處大

台灣的孩子很常喝紅茶、奶茶、珍珠奶茶，除了喝下大量的糖，也不知不覺喝進了不少的咖啡因。

嬰幼兒應避免攝取咖啡因，因為含咖啡因的飲料會刺激腸胃

和引起中樞神經興奮，對幼兒的情緒、睡眠、身心發展產生影響，過量的咖啡因甚至可以引起心律不整、造成猝死。

另外，咖啡因會阻礙鐵質的吸收，茶飲料的單寧成分也會抑制鐵和鈣的吸收，而市售的奶茶，多是以紅茶添加大量奶精，都是氫化處理的反式脂肪，故建議少喝此類的飲料。

每日咖啡因攝取量建議

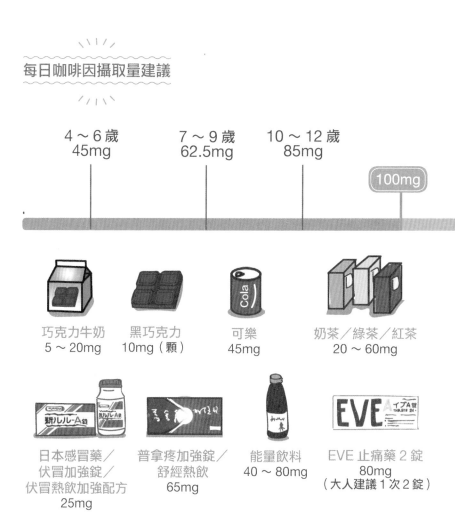

4 ～ 6 歲
45mg

7 ～ 9 歲
62.5mg

10 ～ 12 歲
85mg

100mg

巧克力牛奶
5 ～ 20mg

黑巧克力
10mg（顆）

可樂
45mg

奶茶／綠茶／紅茶
20 ～ 60mg

日本感冒藥／
伏冒加強錠／
伏冒熱飲加強配方
25mg

普拿疼加強錠／
舒經熱飲
65mg

能量飲料
40 ～ 80mg

EVE 止痛藥 2 錠
80mg
（大人建議 1 次 2 錠）

臭寶平常都只有喝水和鮮奶而已，偶爾出門用餐時才讓他喝點果汁，至於多多、汽水、紅茶、奶茶等等都沒有喝，他不會吵著喝嗎？因為家裡沒有準備這些飲料，大人也不會喝給他看，為了不讓他養成喝含糖飲料的習慣，臭寶爸和安娜早就以身作則、戒含糖飲料了。

13 歲以上，
體重（kg）×2.5 ＝每日咖啡因攝取量（mg）
〔ex：60（kg）×2.5 ＝ 150（mg）〕

200mg

POINT 1 成人每日咖啡因攝取上限為 400mg。

POINT 2 孕婦／哺乳中媽媽每日咖啡因攝取建議為 150 ～ 300mg。

POINT 3 兒童每日咖啡因攝取量如左圖示。

手搖杯奶茶
100 ～ 150mg

港式茶餐廳奶茶
200mg

超商大杯咖啡
100 ～ 200mg

特濃韋恩咖啡
218mg

嬰幼兒避免攝取咖啡因！

6

魚和海鮮營養價值高

常說多吃魚會變聰明，然而吃魚也有許多要注意的重點，聰明挑選，讓寶寶吃得健康又營養。

　　臭寶小時候有一陣子很喜歡吃蛤蜊，然後一陣子愛吃鯖魚飯，現在和媽媽一樣喜歡吃鮭魚，也很喜歡吃壽司。魚和海鮮有很高的營養價值，但日益嚴重的海洋污染問題，不得不小心重金屬對胎兒或嬰幼兒的影響。

　　多吃魚對身體有益，魚肉是優良的蛋白質來源，低糖、低飽和脂肪，更富含 ω-3（Omega-3）多元不飽和脂肪酸，尤其是 EPA 與 DHA，其中 EPA 有降血脂、抗血栓、降低罹患心血管疾病的功能；而 DHA 主要分布於人類大腦神經和視網膜，被認為對人體神經、視覺和腦部發育有重要的影響。有些魚類也富含維生素 D 和鈣，對兒童正常的生長發育有很大的幫忙。

　　什麼魚的 DHA 含量最高呢？DHA 含量最高的食物就是鮪魚了，不過小心吃鮪魚的同時也吃下不少的甲基汞！

魚體內的毒素——甲基汞

　　甲基汞會隨著食物鏈（大魚吃小魚，小魚吃浮游生物），逐漸蓄積在大型魚類體內，尤其是鯊魚、旗魚、鮪魚及油魚等大型、遠洋魚類。

　　因為胎兒和嬰幼兒時期的腦部神經發育是對汞最敏感的時間點，**攝取過多的甲基汞會影響胎兒、嬰幼兒神經發育與智力發展，造成發展遲緩**，尤其是照顧者常常為了寶寶，特地買沒有刺的魚……都是大魚，非常容易超標。

　　另外，製作鮪魚罐頭的鮪魚（體型較小）或正鰹雖然甲基汞風險較低，但罐頭內層鍍膜常含雙酚 A，有環境荷爾蒙作用，可能造成女童性早熟，影響男嬰生殖器發展，因此也不建議。

避免攝取大型魚類

孕婦、嬰幼兒應避免吃鯊魚、旗魚、鮪魚等大型魚類，減少甲基汞的攝取。

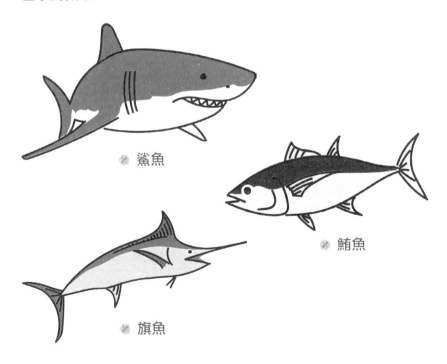

⊛ 鯊魚

⊛ 鮪魚

⊛ 旗魚

食藥署魚類攝食指南建議孕婦及育齡婦女，每週至少均衡攝取 7～9 份魚類，但應避免吃到鯊魚、旗魚、鮪魚及油魚，如要攝取不宜超過 1 份（35g），即成人 3 指併攏的大小及厚度。

1～3 歲兒建議每週至少攝取 2 份（70g）魚類；4～6 歲兒童每週吃 3 份（105g）各種魚類，鯊魚、旗魚、鮪魚及油魚等大型魚類每月不宜超過 1 份（35g），建議盡量選擇小型的鮭魚、鯖魚、秋刀魚來取代。

聰明選擇，攝取營養海鮮

海鮮包括甲殼類的蝦蟹、軟體動物的貝類、章魚、烏賊、花枝……等等，也是高蛋白、低脂、含多種重要維生素和礦物質的食物。有些海鮮如牡蠣，還特別富含鐵。

除了營養價值，愈來愈多研究都顯示出，寶寶在 4～8 個月大時，開始嘗試魚和帶殼海鮮，可以降低未來過敏、氣喘和濕疹的機會。

台灣是個海島，魚或海鮮的取得並不困難，1 天 3 餐之中選擇 1 餐吃魚或海鮮，選擇新鮮的食材，避免甲基汞含量較高的魚種，就能吃得聰明又健康。

7

減少食品添加物的危害

食品添加物日益氾濫，餐具裡也可能潛藏有害物質……可以嘗試少外食多蔬果，自備環保餐具，吃得健康又愛地球！

　　媽媽帶孩子（未滿 8 歲）來看感冒，順便請教摸到孩子胸部有腫塊的問題，結果竟然是胸部發育了！只好請媽媽帶孩子去給兒童內分泌科醫師檢查。在門診，這種情境實在不少見，胸部提早發育可能有營養好、過重肥胖問題，或是性早熟、甚至卵巢或其他內分泌腫瘤。

添加物的影響，不容小覷

　　愈來愈多研究發現：有些食品添加物會影響兒童的荷爾蒙、生長發育，增加兒童肥胖風險，然而目前允許用來保存防腐、改變食物味道、外觀、口感、增添營養所添加、或是從外包裝和容器溶出的化學物質，大多沒有足夠證據能確保吃下肚是安全無虞的。

　　兒童更需要注意這些可能有害的食品添加物，因為相對大人吃進更多的量，而且兒童處於持續生長發育的時期，就算很小的影響也可能造成一輩子的傷害。常被提到且需要特別注意的添加物或化學物質有：

雙酚A（Bisphenol A）

用來讓塑膠容器更堅硬或當金屬罐頭內的塗層，對身體的作用類似雌激素（女性荷爾蒙 Estrogen），主要的健康危害是影響生殖和內分泌系統，造成女童性早熟、男嬰生殖器發育異常、不孕、增加體脂肪，也可能影響神經和免疫系統。目前台灣已明文規定嬰幼兒奶瓶不得使用含雙酚 A 之塑膠材質。

鄰苯二甲酸酯（Phthalates）

主要作為塑化劑，添加用來增加塑膠的彈性，可能影響男孩生殖器官發育、增加兒童肥胖、增加心血管疾病。

美耐皿（Melamine）

是 1 種由三聚氰胺和甲醛聚合而成的塑膠，耐熱、耐摔、容易清理，常被做為碗盤、湯匙、筷子，尤其是兒童餐具。雖然高溫不會變形，但 40℃以上的溫度即可能會釋放出微量的三聚氰胺，也可能溶出甲醛。嬰幼兒暴露於有三聚氰胺的環境下，會提高腎臟結石、輸尿管結石的風險，最有名的例子就是中國爆發的毒奶粉事件。

人工色素

常用於兒童食物添色，與注意力不集中和過動症（ADHD）的症狀惡化有關，避免人工色素可以減少過動症狀。

硝酸／亞硝酸鹽類（Nitrates／Nitrites）

通常用來保存食物和增添色澤，特別是加工肉品，會影響甲狀腺素製造和血液攜帶氧氣的能力，也和腸胃道與神經系統癌症有關。

吃得健康╳愛地球

雖然現代生活的食衣住行都愈來愈便利，但也增加接觸各式各樣化學物質的機會。國小學童飲食習慣調查顯示：9 成以上的學生都有喝含糖飲料、吃零食、吃油炸食品，8 成以上的學生有吃加工肉品的習慣，如火腿、香腸、肉鬆、外食的漢堡排等，且新鮮蔬果明顯攝取不足，不當的飲食習慣除了增加食品添加物的暴露，更造成營養不良和肥胖問題。請爸爸媽媽讓孩子多吃新鮮蔬果，少吃加工肉品，兒童建議每天要吃 3 份蔬菜與 2 份水果，蔬菜 1 份大約是煮熟後半個飯碗的量；水果 1 份相當於 1 個拳頭大小。

和孩子一起養成使用玻璃、陶瓷或不鏽鋼餐具的習慣，出門自己攜帶餐具，減少使用 1 次性的免洗餐具。因為加熱會造成雙酚 A、塑化劑或其他有害物質從塑膠容器溶出，所以避免使用塑膠容器加熱；若要使用塑膠容器，不要使用不耐熱且對環境不友善的回收標誌 3 號聚氯乙烯（PVC）和 6 號聚苯乙烯（PS）、會溶出雙酚 A 的 7 號聚碳酸脂（PC）、會釋出三聚氰胺的 7 號美耐皿（Melamine），盡量選擇耐熱的 5 號聚丙烯（PP）、7 號中的聚醯胺（PA）和共聚聚酯（Tritan）等無雙

酚 A（BPA free）材質。

　　減塑運動不只是對地球環境友善，也是對親子友善、對身體健康友善，加上從小養成看食物成分標示，認識食物的營養、添加物、包裝，才能吃得安心又健康。

避免食品添加物

POINT 1

多吃新鮮蔬果，少吃加工食品。

POINT 2

勿用塑膠容器微波或加熱，避免造成雙酚 A 或塑化劑溶出。

避免使用回收標誌 3
號、6 號塑膠，7 號則
要慎選材質。

盡量用玻璃、陶瓷或不
銹鋼取代塑膠容器。

處理食物前先洗手，所
有不能剝皮的蔬果都
要洗乾淨。

兒童常見營養補充品

嬰幼兒到底要補充什麼呢？各類營養品琳瑯滿目，並不是愈多愈好，也非每個都必要哦！

很多爸媽問我有沒有給孩子吃什麼營養補充品、吃哪個牌子的益生菌？得到答案後通常很失望，因為臭寶爸沒給臭寶吃什麼特別的，益生菌只有急性腸胃炎時才會補充，唯一額外補充的只有 1 天 1 滴的維生素 D 而已。

到底孩子需不需要額外的營養補充品，又需要哪些呢？

鈣：維持乳製品攝取即可

鈣是 1 種與兒童的成長、牙齒和骨骼發育密切相關的礦物質，也在神經傳遞、肌肉收縮中扮演重要的角色。鈣的吸收受維生素 D 調控，主要在小腸被吸收。坊間最常被推銷的營養補充品就是鈣粉，到底寶寶會不會缺鈣呢？

第 7 版國人膳食營養素參考攝取量，建議嬰幼兒 0 ～ 6 個月大每日攝取鈣質 300mg、6 ～ 12 個月大每日 400mg、1 ～ 3 歲每日 500mg、4 ～ 6 歲每日 600mg。

母乳每 1000ml 約有 300mg 鈣（該補鈣的是媽媽），配方奶因鈣質利用率較母乳低，所以需要較高的鈣，嬰兒配方奶 1000ml 約有 500mg 鈣，1 歲以上的成長奶粉約有 1000mg 鈣，

全脂鮮奶每 1000ml 也有 1000mg 的鈣。

　　因此 1 歲以下的嬰幼兒以喝奶為主食，無論母乳或配方奶，幾乎不會有鈣攝取不足的問題；1 歲以上只要維持早晚 1 杯乳製品（240ml×2 = 480ml）就能攝取 1 天所需的鈣，或挑選其他富含鈣的食物如小魚干、蝦米、豆乾、豆腐、芥菜、黑芝麻等等，所以嬰幼兒只要飲食均衡，不需要額外補充鈣粉。

100g 食物中的鈣含量

全脂鮮乳
100mg

傳統豆腐
140mg

豆干
273mg

蝦米
1075mg

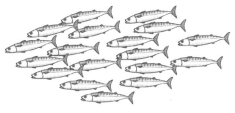

小魚乾
2213mg

維生素D：口服補充

維生素 D 是 1 種脂溶性維生素，最重要的功能就是促進腸道鈣質吸收，影響骨骼健康，所以缺乏維生素 D 會造成低血鈣、佝僂症、容易骨折，維生素 D 也被認為與免疫功能、過敏氣喘、發炎疾病、糖尿病、癌症等等相關。

動物性維生素 D3 是由前驅物在皮膚經紫外線 B（UVB）照射後轉變而成，在台灣，理論上每天日曬 10 分鐘即可產生身體所需的維生素 D，但根據最新（2013～2016 年）的調查發現，**台灣學齡兒童有 5～25% 的維生素 D 缺乏或不足**，年輕女性則高達 5 成，孕婦在之前的調查中，維生素 D 不足的比率在 8 成以上。

影響皮膚維生素 D 生成的原因最主要還是生活型態的改變——現代人的戶外活動愈來愈少，其他因素包括膚色（膚色較深減少維生素 D 的產生）、防曬乳、季節，甚至空氣污染也減少了 UVB 的照射，加上日曬造成皮膚曬傷、發炎、老化的不良影響，愈來愈多建議傾向由口服補充維生素 D。

食物的維生素 D 來源主要為魚肉、添加維生素 D 的配方奶（鮮奶與保久乳中的維生素 D 於製程中流失）、蛋黃和蕈菇類。

至於維生素 D 的補充劑，目前只有 1 歲以下嬰幼兒有明確的建議：純母乳哺餵或配方奶每日少於 1000ml 的寶寶從新生兒開始每日口服補充維生素 D400IU。1 歲以上若有持續飲用添加維生素 D 的配方奶較不用額外補充維生素 D，若改喝鮮奶或其他乳製品則考慮每日補充維生素 D400IU，或多食用富含維生素 D 的魚肉如鮭魚、鯖魚等。

富含維生素 D 的食物

100g 鯖魚約 400+IU
100% 每日所需維生素 D

100g 鮭魚約 400+IU
100% 每日所需維生素 D

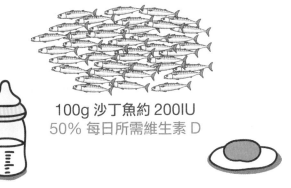

100g 沙丁魚約 200IU
50% 每日所需維生素 D

250ml 配方奶約 100IU
25% 每日所需維生素 D

1 個蛋黃約 40IU
10% 每日所需維生素 D

魚油和藻油：不如養成吃魚習慣

　　魚油是從富含脂肪的深海魚所提煉出來的，提供的營養素為 ω-3（Omega-3）多元不飽和脂肪酸，主要為 EPA 與 DHA，其中 DHA 主要分布於人類大腦神經和視網膜，被認為對人體神經、視覺和腦部發育有重要的影響。有些研究顯示：補充魚油可能可以改善兒童過動、專注力不集中、過敏疾病等等，但沒

有明顯變聰明，也不能預防近視。

　　魚類本身並不會製造 ω-3 脂肪酸，而是在攝食浮游藻類或小魚之後所累積的，因此有重金屬或化學污染的風險，有些媽媽因為茹素或擔心魚油遭受污染，會考慮植物性的藻油產品來補充 DHA。

　　不過，吃魚就能攝取到相同的成分，還能吃到豐富的蛋白質和其他營養素，與其花錢買魚油或藻油要孩子吞，不如讓孩子養成吃魚的習慣，飲食更均衡，對身體健康更有幫助。

鋅：比你想的更重要

　　鋅是生長所必須的微量元素，是人體多種重要酵素的輔因子，鋅缺乏會造成免疫下降、皮膚炎、掉髮、腹瀉、味覺失調、厭食、傷口癒合能力變差等等。

　　兒童鋅缺乏可能比預期的還多，土耳其的研究找來 1063 位健康兒童，抽血發現高達 27.8% 鋅缺乏（< 65 mcg ／ dL）；美國的一些研究發現嬰幼兒缺鋅（< 65mcg ／ dL）的比率約在 20 ～ 27%，而最常見的情況是純母奶哺餵超過 6 個月以上仍未補充副食品。

　　台灣兒科醫學會建議含有鐵及鋅的副食品可在 4 ～ 6 個月時開始添加，富含鋅的食物主要有肉類、肝臟、蛋、海鮮等等。如果純母奶哺餵的寶寶 6 個月後未添加副食品、副食品吃得不好、有缺鐵性貧血或素食的寶寶，且合併有嘴周圍或四肢紅疹、食欲低下、生長遲緩、慢性腹瀉、免疫力差等臨床缺鋅症狀，應考慮鋅缺乏並予以補充。

富含鋅的食物

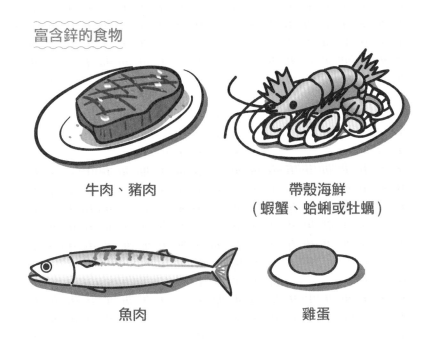

牛肉、豬肉

帶殼海鮮
（蝦蟹、蛤蜊或牡蠣）

魚肉

雞蛋

乳鐵蛋白：母乳是最佳來源

乳鐵蛋白是 1 種醣蛋白，最主要功能是負責運送鐵，也廣泛存在於各種分泌物中，如口水、眼淚、鼻涕，具有抗菌效果、保護消化道黏膜等等。

乳鐵蛋白是最近很紅的營養補充品，因為體外實驗發現乳鐵蛋白對腸病毒 71 型有預防效果，但其實進一步臨床實驗，讓幼兒園學童食用乳鐵蛋白，再檢測其保護能力，結論是沒有明顯的差別。

其他很多研究顯示，乳鐵蛋白對新生兒腸道免疫功能的建立

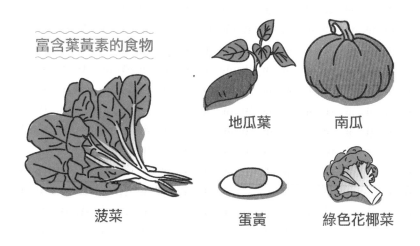

很重要，可以減少腸道發炎和感染，但隨著腸道成熟、年紀漸大，乳鐵蛋白的保護效果愈來愈不明顯。

乳鐵蛋白最佳的來源就是母乳，尤其是初乳，所以攝取乳鐵蛋白最好的方式就是寶寶出生後，盡快哺餵母乳。

葉黃素：可從食物中攝取

葉黃素是 1 種動物無法自行合成的脂溶性抗氧化物，在人類視網膜上的黃斑部有大量的葉黃素存在，研究發現補充葉黃素對減緩黃斑部病變惡化有效，因此被認為是保護眼睛的營養素，但對預防兒童近視無效。

所以兒童的護眼之道還是在於養成正確的用眼習慣，限制3C 螢幕的使用，通常不需要額外補充葉黃素，從食物中攝取天然的葉黃素即可，深綠色蔬菜（如菠菜、地瓜葉、綠花椰菜）、南瓜、蛋黃都是不錯的來源喔！

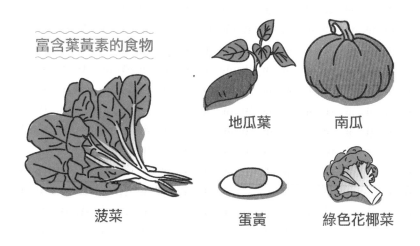

富含葉黃素的食物

地瓜葉　　南瓜

菠菜　　　蛋黃　　綠色花椰菜

特殊營養品：小心使用

小安素或兒童佳膳屬於衛福部核准的特殊營養品，專為 1 歲以上營養不均衡的孩童所設計，須經醫師或營養師指導使用。

特殊營養品與其他 1 歲以上成長奶粉最大的差別是熱量，一般成長奶粉 100ml 約含 70kcal 的熱量，而小安素或兒童佳膳這類的特殊營養品每 100ml 含 100kcal，比成長奶粉多出接近一半的熱量。

最常遇到的錯誤使用狀況就是孩子根本沒有營養不夠或瘦小的問題，只是「阿嬤覺得瘦」或「爸媽覺得瘦」，過多的營養或熱量反而造成營養過剩、甚至肥胖問題。

育兒小筆記

兒童營養補充品琳瑯滿目，更是推陳出新，無法一一介紹，其實只要均衡飲食，大部分的孩子都不需要這些商品，如果有疑問或個別狀況，可以請教信任的兒科醫師、藥師和營養師，才不會白花冤枉錢。

Chapter

03
嬰幼兒疾病

小孩生病，父母總是很緊張，深怕留下影響未來的後遺症。平常可以多認識嬰幼兒常見疾病，在症狀發生的第一時間，冷靜判別並採取最好應對方式！

1

孩子發燒了怎麼辦？

嬰幼兒發燒總是引起父母的恐慌——燒壞腦袋怎麼辦？別急著塞退燒藥給孩子，可以先了解一下發燒的原因哦！

發燒是兒科就診最常見的原因，也是父母最擔心的症狀之一，甚至著急地半夜跑急診。

臭寶第 1 次發燒是 9 個月大的時候，高燒 39℃，燒退燒退沒有明顯症狀，只好帶著他去醫院留尿尿做檢驗，最後終於在第 4 天燒退、全身發疹子，確定是玫瑰疹才鬆了一口氣。玫瑰疹之後，臭寶又經歷了 3 次腸病毒、1 次流感、1 次腺病毒和數不清的感冒、腸胃炎，雖然家中有兒科醫師好像不用擔心，但其實每次孩子發燒，臭寶爸還是會忍不住緊張。

耳溫超過38℃即是發燒

量測體溫最方便的方式就是耳溫槍，耳溫槍測量超過 38℃ 即是發燒，測量就會有誤差，體溫連續測量 2 次不同或 2 側耳朵不同都是正常的，通常採用最高的數值，而發燒的種類能簡單區分為以下 2 種。

高溫環境

外在環境過於悶熱以至於身體無法散熱，如嬰兒包太多和

84

熱傷害（俗稱中暑），處理方式就是保持身體通風涼爽，補充適當的水分和電解質，高溫超過 41℃ 可能造成腦部、身體器官傷害，需立即降溫。

發炎引起

　　內在發炎反應，腦部體溫中樞重設最適體溫。例如因為流感，腦部設定 39℃ 是最適體溫，一開始孩子體溫只有 37℃，相對 39℃ 是低體溫所以覺得冷，甚至冷到發抖，此時應給予保暖，等到體溫達到 39℃ 或更高，才會覺得發熱或流汗。**發炎引起的發燒幾乎不會超過 41℃，所以不用擔心燒壞腦袋。**

正確量體溫方式

 正確對準耳膜，避免因對到外耳道而測出較低體溫。

 多次測量或測量 2 耳時，取較高數值為準。

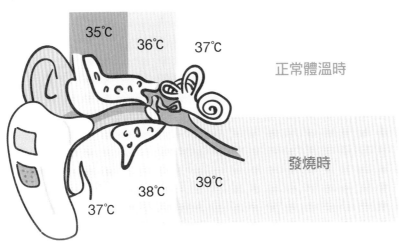

35℃　36℃　37℃

正常體溫時

發燒時

37℃　38℃　39℃

37℃

退燒藥並非特效藥

發燒是疾病的症狀，不是疾病本身，所以使用退燒藥並不會縮短病程，只要病還沒痊癒，藥效過了就會再發燒，所以處理發燒的原則是緩解發燒帶來的不適和尋找病因。

如果孩子高燒還是活蹦亂跳、食慾很好、睡得安穩，可以不用吃退燒藥；反之，雖然沒有燒很高，但是人很不舒服、頭痛、全身痠痛、睡得不安穩，則建議服用退燒藥，除了緩解症狀，也可以藉此觀察孩子的活動力和精神有沒有恢復。例外的是慢性肺病、心臟疾病、慢性貧血、先天代謝異常、孕婦等應考慮積極退燒，避免增加身體負擔。

常用的退燒糖漿有 2 種，第 1 種是安佳熱，成分與普拿疼相同，藥效溫和不傷胃；第 2 種是依普芬（或炎熱消、舒抑痛），屬於非類固醇消炎藥（NSAID），退燒效果好，但引起過敏反應的機會較高一些，也容易傷腸胃。除此之外，如果孩子無法口服退燒藥，也有退燒的肛門塞劑可以使用。

遇到孩子發燒，醫生的任務不單單只是開退燒藥，而是找到可治療或需注意的疾病，例如檢查耳朵、鼻子、肺部看看有沒有中耳炎、鼻竇炎、肺炎等感冒的併發症需要用抗生素治療，懷疑流感需要使用抗病毒藥物，診斷腸病毒衛教家屬觀察重症前兆，燒滿 5 天數數川崎症的診斷條件符合幾項等等。因此嬰幼兒發燒還是建議帶去給兒科醫師評估一下，不要自行在家吃退燒藥喔！

2

常見的發燒疾病

很多疾病都會使嬰幼兒出現發燒情況，多了解這些常見的症狀，孩子發燒時，才能即時找出正確的應對方式！

　　懷孕時媽媽從胎盤傳給寶寶的免疫力通常能維持到出生後5～6個月大，隨著保護力消失，寶寶開始容易被外來的病菌傳染而感冒發燒。嬰幼兒大部分的發燒都是由病毒感染所引起的，接下來就簡單介紹一些常見的病毒感染、泌尿道感染和特別需注意的川崎氏症吧！

一般感冒：幾乎都會自癒

　　一般感冒指的是上呼吸道因病毒感染所引起的急性症狀，是嬰幼兒發燒最常見的原因，最常由鼻病毒感染造成，其他病源包括冠狀病毒、副流感病毒、腺病毒、呼吸道融合病毒等等，以飛沫傳染，通常有1～3天的潛伏期，病程約7～10天，感冒症狀有流鼻水、鼻塞、喉嚨痛、咳嗽，就算不吃藥，幾乎都會自行痊癒，所以治療以舒緩症狀為主。

　　一般感冒偶爾會產生併發症，尤其是年紀較小的孩子，常見併發症有中耳炎、鼻竇炎和肺炎，因此，感冒看醫生最重要的價值就是檢查是不是感冒和有沒有併發症，特別是嬰幼兒、發燒超過3天、影響食欲和睡眠、精神活動力不佳或症狀突然惡

化，建議都要帶去給兒科醫師檢查一下喔！

流行性感冒：最好每年打疫苗

　　流感和一般感冒不同，是由 A 型或 B 型流感病毒造成，以飛沫傳染，潛伏期約 1 ～ 2 天，主要症狀為高燒和肌肉痠痛的類流感症狀，咳嗽、流鼻水等感冒症狀一開始可能不明顯，約有 10％的人同時有噁心、嘔吐以及腹瀉等腸胃道症狀，可能併發肺炎、心肌炎和腦炎，所以要注意是否有胸悶、胸痛、呼吸困難、咳嗽有血、意識改變等危險徵兆。

　　流感快篩的準確度僅 7 成左右，快篩陽性確診流感，快篩陰性還是有可能是流感。大部分得到流感的人可自行痊癒，或給予克流感、易剋冒、瑞樂沙等抗病毒藥物，對 A 型或 B 型流感病毒皆有效，可以稍微縮短病程和降低重症發生的機率。**目前預防流感最好的方式就是每年施打流感疫苗。**

哮吼：減少哭鬧以舒緩症狀

　　哮吼，和氣喘不同，主要是病毒感染所造成的上呼吸道阻塞，大部分是由副流感病毒（雖然名字很像，但和流感病毒一點關係也沒有）感染造成，好發在 6 個月大～ 3 歲之間，感冒症狀如發燒、鼻水、咳嗽 1 ～ 2 天之後，突然在晚上惡化，有典型的 3 個特徵：咳嗽像狗吠（或海狗叫）、聲音沙啞、吸氣時有喘鳴聲，並且會因嬰幼兒躁動和哭鬧而加劇症狀。

　　診斷主要靠病史和理學檢查，依嚴重度不同會使用到口服或注射類固醇治療，呼吸困難的孩子會安排吸入性腎上腺素。在

家照顧時，盡量安撫、陪伴孩子，減少躁動哭鬧可以避免症狀加重，比較嚴重的症狀通常持續 1 ～ 2 個晚上，之後就會漸漸好轉。如果孩子精神、食欲不佳，或是有呼吸困難的情形出現，請立刻就醫。

哮吼（Croup）典型的 3 個特徵

POINT 1　咳嗽像狗吠 (或海狗叫)

POINT 2　聲音沙啞

POINT 3　吸氣時有喘鳴聲

關我什麼事？

🔘 海狗

玫瑰疹：常常虛驚一場

典型玫瑰疹好發在 6 個月大～ 2 歲之間，高燒 39、40℃，沒有明顯鼻水咳嗽等感冒症狀，有的孩子會輕微腹瀉，在燒退燒退 3 ～ 4 天後，臉和身體開始發出不痛不癢的紅疹，疹子 2、3 天後就會慢慢褪掉。

玫瑰疹是種病毒感染，由口水傳染，引起玫瑰疹的病毒有 2 種：人類皰疹病毒第 6 型（HHV6）和第 7 型（HHV7），好發年紀稍有不同。依據研究，8 成的孩子在 2 歲時已經得過玫

瑰疹病毒，但只有¼有典型玫瑰疹症狀，意思是說雖然大家都會得到玫瑰疹病毒，但只有部分的人會有典型玫瑰疹症狀，另外，因為有 2 種病毒，所以也有人會發 2 次玫瑰疹。

玫瑰疹雖然會發高燒，但不會燒壞腦袋，通常在吃過退燒藥後，孩子的精神、活動力和食欲都很好。玫瑰疹會自己好，不需要進一步檢驗和治療，但診斷前常常因發燒找不到原因，孩子被做了不必要的抽血和尿液檢查，等到疹子發出來，才知道是虛驚一場。

腸病毒：5歲以下為高危險群

雖然名稱有個「腸」字，但腸病毒比較接近感冒病毒，而不是腸胃炎病毒，腸病毒有數十型，其中 71 型和 D68 型是最近比較常聽到、容易發生重症的型別。得到腸病毒的人大部分是沒有症狀或輕微感冒症狀，所以常常不知道被誰傳染，發病通常是先發燒，接著在口腔、上顎出現水泡、潰瘍，造成進食困難，稱為疱疹性咽峽炎；有些人還會在手掌、腳掌、膝蓋等位置發生紅疹、水泡症狀，稱為手足口病。

得到腸病毒的孩子大部分都會自行痊癒，目前也沒有特效藥可以使用，5 歲以下嬰幼兒是重症的高危險群，**重症前兆有嗜睡、意識改變、肌躍型抽搐、手腳無力、持續嘔吐、沒有發燒時的呼吸心跳明顯加快**，如有重症前兆需儘速到醫院檢查、觀察。除了有重症前兆需住院觀察，另外因為口腔潰瘍疼痛而無法進食、滴水不沾，嚴重脫水沒尿也需要住院打點滴，所以照顧上可以讓孩子多補充冰涼的食物、水分、電解水、果汁等等，

減少脫水的機會。

　　腸病毒在呼吸道可能存在 1 週左右，並藉由口水、飛沫傳染，所以孩子症狀開始後應隔離至少 7 天，戴口罩、勤用肥皂或洗手乳洗手，並使用稀釋漂白水做環境消毒。

腸病毒的構造

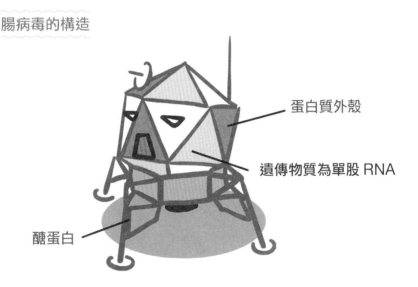

蛋白質外殼

遺傳物質為單股 RNA

醣蛋白

因為沒有脂質的外套膜，所以用酒精乾洗手無效唷！

疱疹性齒齦炎：以冰涼的飲食減少刺激

　　因為口腔也會有潰瘍，疱疹性齒齦炎容易和腸病毒搞混，但造成疱疹性齒齦炎的病毒是單純疱疹病毒第 1 型（HSV1），也就是大人沒睡好、壓力大、免疫力下降時發作的唇疱疹。單純疱疹病毒第 1 型是藉由親吻或口水傳染，9 成被傳染的孩子沒有症狀，有症狀的孩子會有高燒、口腔潰瘍、廣泛牙齦紅腫

流血，甚至口水流下來接觸到的皮膚和手也會起水泡。

照顧類似腸病毒，冰涼的液體或食物對潰瘍刺激較小，可以多嘗試，如果脫水太嚴重、沒尿、精神差或意識改變需住院治療。雖然常常燒退燒退1週，但大部分的孩子都會自行痊癒，或給予抗病毒藥物（Acyclovir），可以縮短病程和嚴重度。

腺病毒：常合併結膜炎

門診會遇到家長問小孩一直發燒是不是腺病毒？前1個醫生說是腺病毒，但最後診斷是流感、腸病毒或已經產生中耳炎的也很常見，因為腺病毒造成的症狀跟一般感冒差不多，所以其實很難從臨床就診斷腺病毒，常常小孩燒不退、找不到原因就推給腺病毒。

腺病毒有五十幾種血清型，常會造成發燒、喉嚨痛、扁桃腺化膿等感冒症狀，有些會感染結膜引起結膜炎，有些則引起腸胃炎或膀胱炎，偶爾也會出現喉嚨潰瘍看似腸病毒。腺病毒病程7～10天，因為沒有特效藥，所以就算診斷腺病毒感染，也只能症狀治療，並小心觀察是否產生併發症。

泌尿道感染：需抗生素治療

嬰幼兒不會表達頻尿、解尿灼熱或疼痛，所以嬰幼兒的泌尿道感染通常就只有發燒而已，因此沒有明顯感冒症狀的發燒，醫生會考慮泌尿道感染。成人泌尿道感染以女性居多，但因為男寶寶尿路結構異常發生率較高，1歲以內反而是男寶寶比較容易發生泌尿道感染；1歲以後才是以女孩較多，因為女性尿

道比較短。

懷疑泌尿道感染時，會安排尿液檢查，並視情況安排腎臟超音波和尿道攝影檢查是否有泌尿道結構異常、水腎或腎炎的情形。大部分的泌尿道感染是大腸桿菌造成的細菌感染，需使用抗生素治療。

川崎氏症：發燒近5天趕緊就醫

川崎氏症是個病因不明，但是診斷、併發症和治療都已經很明確的兒童疾病，可能跟遺傳有關，在某些感染之後誘發免疫反應引起全身性的血管發炎，好發於 5 歲以下兒童，診斷條件符合持續發燒超過 5 天、合併以下 5 項中至少 4 項為典型川崎氏症：

1. 雙側結膜充血。
2. 嘴唇黏膜紅腫或草莓舌。
3. 頸部淋巴結腫大。
4. 手掌腳掌紅腫。
5. 身體四肢紅疹。

不足 4 項，但配合抽血尿液檢查或心臟超音波可以診斷非典型川崎氏症。

冠狀動脈瘤是川崎氏症最主要的併發症，治療使用免疫球蛋白和阿斯匹靈，可以有效退燒和減少冠狀動脈瘤發生的機會，因此孩子發燒快 5 天，一定要帶去給兒科醫師好好檢查一下，適時安排進一步檢查。

3

為什麼感冒一直不會好？

明明看了醫生，孩子的感冒症狀卻持續不斷？試著改善周遭的環境或孩子的習慣，也許就能見效。

　　跟平常來看診的孩子做比較，臭寶算是很少感冒的，可能是因為他就讀的幼兒園規模較小，平時接觸的人不多，家中也只有他 1 個小孩，幾乎不會有交叉傳染的情況發生，而且臭寶爸下班回家的第 1 件事就是洗澡、換衣服，更是減少將病菌帶回家的機會。

感冒的病程約1週

　　感冒指的是上呼吸道因病毒感染所引起的急性症狀，如鼻水、鼻塞、喉嚨痛、咳嗽、甚至發燒，可以由鼻病毒、冠狀病毒、副流感病毒、腺病毒、呼吸道融合病毒等等感染造成，通常有 1 ～ 3 天的潛伏期，病程約 7 ～ 10 天，就算不吃藥，幾乎都會自行痊癒。

　　在門診最常被詢問的問題之一就是：為什麼孩子的感冒一直不會好？通常有這種困擾的大多是幼兒園階段的孩子，或是孩子本身還沒唸書，但家中有在幼兒園唸書的哥哥姐姐。爸爸媽媽會產生孩子感冒一直不會好的錯覺，原因大致有以下幾點。

反覆被傳染新的感冒

　　嬰幼兒喜歡東摸西摸，手手常常放嘴巴、挖鼻子、揉眼睛，口罩也很難戴牢，同學間相親相愛，常常星期一、二去學校就被傳染，經過 1 ～ 3 天的潛伏期，週末就開始發燒、流鼻水、咳嗽、找醫生，1 次感冒還沒完全好，又得到新的感冒。

過敏或氣喘體質

　　過敏性鼻炎、氣喘發作時，過敏症狀的流鼻水、打噴嚏、咳嗽被誤以為是感冒症狀，過敏沒有治療、過敏原沒有控制，當然覺得感冒一直不會好。感冒也容易誘發過敏、氣喘發作，常常一開始是感冒，後來延續不會好的其實是過敏症狀。

已經產生併發症

　　感冒過程中偶爾會發生鼻竇炎、中耳炎、肺炎等細菌感染所造成的併發症，需要一定療程的抗生素治療，沒有治療很難自己改善。所以如果孩子感冒過程中，有新的發燒、耳朵痛、咳嗽加劇、精神食欲變差等等，需重新就醫評估是否產生併發症。

二手菸／三手菸的危害

　　已經多項研究發現二手菸／三手菸會引起嬰幼兒的呼吸系統問題，增加嬰幼兒喘鳴、氣喘發作的機率，造成孩童免疫和體抗力下降，以及增加中耳炎風險。常常家屬抱怨孩子感冒一直不會好，因為孩子長期暴露在二手菸／三手菸的環境中，臭

寶爸雖然鼻子過敏，隔著口罩都還能聞到孩子身上有菸味，就算病人的爸爸、阿公狡辯已經在外面或別的房間抽菸，但三手菸的有害物質仍然會附著在頭髮、衣服、窗簾、毛毯、家具等環境中，儘管沒有味道，仍可以對嬰幼兒造成危害。

胃食道逆流

門診常常遇到孩子感冒看不好，家屬特別抱怨每晚咳到吐，詳細詢問，很多是孩子已經3、4歲了，睡前還躺著用奶瓶喝奶，奶瓶喝奶本來就容易喝到空氣，睡前喝飽飽又躺著，不就跟大人吃完宵夜馬上躺下來一樣嗎？而且奶是液體，特別容易逆流，稍微咳嗽、肚子用力，自然會咳到吐，咳吐又刺激口鼻、氣管，產生惡性循環，持續使用奶瓶喝奶也會增加中耳炎的風險。

鼻咽或氣管異物

5歲以下兒童是誤食異物的高危險群，偶爾就會遇到鼻竇炎吃了好久抗生素都不會好的孩子，然後在鼻子裡發現蠟筆、珠子、玩具、衛生紙、各式你想不到的異物。邊吃邊玩也可能嗆到、造成吸入性肺炎，所以嬰幼兒避免吃整顆花生、堅果、瓜子等等小零食，並從小培養孩子慢慢吃、坐著吃、不要邊玩邊吃的好習慣，避免發生意外。

妥瑞症

偶爾會遇到孩子一直被當感冒、過敏治療，吃了一堆藥都不會改善，結果是妥瑞症。妥瑞症是1種神經性問題，常見的表

現包括頻繁無意義的眨眼、裝鬼臉、聳肩或手腳晃動、清喉嚨、咳嗽等等，症狀時好時壞，通常會在緊張、壓力大時加重，專心或睡眠時消失，照顧上要避免人工色素、巧克力和含咖啡因的食物，較嚴重的症狀如干擾別人、影響學習，可以諮詢兒童神經內科醫師。

感冒一直不好的原因

4
抗生素不是用來治療黃綠鼻涕

許多家長一見到小孩濃濃的黃綠鼻涕就緊張，但大多時候鼻涕顏色都是來自於累積太久，勿輕易使用抗生素！

「感冒是病毒感染，不需使用抗生素」大家都知道，但小孩一有黃綠鼻涕，每位爸爸媽媽、阿公阿嬤都很緊張是不是細菌感染了，其實鼻腔本來就不是無菌的，鼻涕積久了當然會有顏色，尤其是一整晚累積的鼻涕，早上打噴嚏出來都是黃綠色的，所以我說抗生素是用來治療感冒的併發症如鼻竇炎、中耳炎、肺炎，不是用來治療黃綠鼻涕。

黃綠鼻涕不等於鼻竇炎

鼻竇是位於鼻腔周圍的空腔，有小通道連往鼻腔，當感冒或鼻過敏時，鼻黏膜腫大就會造成鼻竇不通暢，鼻涕、分泌物開始累積在鼻竇裡，久了就容易細菌感染、鼻竇發炎。細菌感染需要時間，所以孩子之前好好的，突然流鼻水且鼻涕1天就變黃綠色的，大部分都不是真的鼻竇炎，不需要因此使用抗生素。

鼻竇炎的診斷有一定的條件，不是只有流黃綠鼻涕而已，依據台灣兒童感染症醫學會的建議，兒童急性鼻竇炎的臨床診斷條件如下：

1. 持續出現黃綠膿鼻涕且維持超過72小時，尤其有發燒時。

2. 出現黃綠膿鼻涕或嚴重鼻塞，且最近有口臭。

3. 呼吸道感染症狀改善後，出現發燒、頭痛、黃綠膿鼻涕等惡化症狀。

4. 有流鼻涕或鼻塞等鼻部症狀，並於上頜竇、篩竇、額竇區域出現疼痛性紅腫。

　　兒童急性細菌性鼻竇炎常見的致病菌包括肺炎鏈球菌、嗜血桿菌、卡他莫拉菌等，需使用抗生素治療，抗生素治療有效時，鼻竇炎症狀應在 48 ～ 72 小時內改善，抗生素治療時間以症狀改善至少 7 天為原則，一般為 10 ～ 14 天。

　　鼻竇雖然一出生就有，但是 3 歲前還沒有發育得很好，沒有這麼容易鼻竇炎，嬰幼兒感冒比較容易使用到抗生素的情形其實是併發中耳炎。

急性中耳炎，靠醫師診斷

　　我們的耳朵構造分為內耳、中耳和外耳，中耳和外耳間有一層半透明、薄薄的耳膜隔開，所以寶寶洗澡耳朵浸水是不會引起中耳炎的，中耳有耳咽管通到鼻腔的後方，所以和鼻竇炎類似，當寶寶感冒鼻黏膜腫脹、耳咽管不通暢時，中耳就容易積水、發炎。

　　急性中耳炎可能出現的症狀包括發燒、耳朵痛、寶寶不明原因哭鬧、抓耳朵，有時中耳化膿、耳壓過大時會造成耳膜破裂，臭臭的膿就從耳朵流出來了，因為嬰幼兒不會表達，加上中耳只能靠兒科或耳鼻喉科醫師藉由耳鏡透過耳膜來觀察診斷，因此嬰幼兒不明原因發燒或哭鬧都是建議就醫檢查喔！

引發急性中耳炎的致病菌與鼻竇炎相似，治療會依年紀和嚴重度使用 7 ～ 10 天的抗生素，抗生素治療有效時，症狀應在 48 ～ 72 小時內有明顯改善。

抗生素：非必要，勿服用

感冒不需要使用抗生素，使用抗生素不會比較快好，也無法預防產生併發症，反而常常產生副作用，治療中耳炎和鼻竇炎常用的抗生素安滅菌因為含有 1 種特殊的抑菌成分，兒童使用常常會腹瀉。抗生素也是容易產生過敏反應的藥物之一，輕則發疹水腫，嚴重可能過敏甚至休克。

濫用抗生素也容易讓細菌產生抗藥性。人的口腔、鼻腔和腸道不是無菌的，使用了非必要的抗生素，殺死大部分沒有抗藥性的細菌，留下來的就是相對有抗藥能力的細菌，如果發生細菌感染，抗生素就變得比較沒效，需要更高的藥物劑量或換成比較後線的藥物。研究也發現 1 歲前使用抗生素會增加過敏疾病的風險，可能因為抗生素殺死腸道正常菌叢而影響了寶寶的免疫發展。

因此，抗生素有必要時才使用，不要隨便自行購買抗生素或要求醫師開立抗生素，應遵照醫師指示，不任意改變抗生素服藥的時間，並完成一定的療程，這樣才能減少抗生素的危害。

小孩感冒要不要抽鼻涕？

 抽鼻涕只是 1 種症狀治療，抽了，感冒不會比較快好；
不抽，也不會因此加重症狀。

 抽鼻涕可能使孩子因此害怕看醫生。

 若鼻水鼻涕不影響生活作息，大部分不需要抽鼻涕。

5

什麼是腸胃型感冒？

腸胃型感冒泛指病毒性腸胃炎，這時許多人會吃白饅頭、稀飯、喝稀釋運動飲料，這邊就來打破腸胃炎的飲食迷思！

　　孩子得過腸胃型感冒嗎？人本來好好的，冷不防的就吐了，然後 1 次、2 次、3 次……吐到床單衣服都來不及換洗，甚至開始腹瀉、發燒，最慘的是，隔天換照顧者開始吐……到底什麼是腸胃型感冒？腸胃型感冒是腸胃炎，還是感冒？

流感、腸病毒、腸胃炎比較表

疾病	流感	腸病毒	腸胃炎(腸胃型感冒)
主要致病	流行性感冒病毒A或B	腸病毒有幾十型	諾羅病毒
主要症狀	肌肉痠痛、高燒	喉嚨非常痛、發燒	嘔吐、腹瀉
危險徵兆	胸悶、胸痛、呼吸困難、咳嗽有血、意識改變	嗜睡、意識改變、肌躍型抽搐、手腳無力、持續嘔吐、呼吸心跳加快	持續嘔吐、少尿或無尿、嗜睡、嚴重腹痛、血便

值日生 貝寶爸

腸胃型感冒：注意併發症

其實，醫學上並沒有腸胃型感冒這個詞，可能源自英語對急性腸胃炎的口語用法 Stomach flu（胃流感），因為病毒型的腸胃炎常會合併發燒、頭痛頭暈、肌肉痠痛、四肢無力，又容易傳染，所以一般台灣醫生說的腸胃型感冒，泛指病毒性腸胃炎，兒童最常見的致病源就是輪狀病毒和諾羅病毒，成人則是諾羅病毒。

腸胃型感冒的治療以支持性療法為主，根據症狀給予止吐、止瀉、幫助消化和退燒藥物，或補充益生菌，可以稍稍縮短腸胃炎的病程。關於止瀉藥，兒童大多使用黏土礦物或果膠成分的吸附劑，達到大便成形、緩解腹瀉的效果；**美國食藥署和兒科醫學會皆不建議嬰幼兒使用 Imodium（Loperamide）成分的止瀉藥**，Imodium 為鴉片類藥物，對嬰幼兒可能發生抑制呼吸和嚴重心臟副作用，使用在高燒、血便懷疑細菌性腸炎的病患也可能使症狀更嚴重，容易造成腸蠕動停止、嚴重腹脹腹痛，甚至引發巨結腸症，需放置肛管引流減壓。

腸胃型感冒來得快、去得也快，就算不吃藥，嘔吐和發燒常常在 24 小時內漸漸緩解，但嬰幼兒容易有併發症，如果有持續嘔吐、吐膽汁（綠色嘔吐物）、嚴重脫水（精神活動力差或少尿）、嚴重腹痛、高燒不退、血便等危險徵兆需盡快就醫。

腸胃炎的危險徵兆

❋ 血便　　　　　❋ 高燒不退　　　❋ 年紀 3 個月以下

❋ 綠色嘔吐物（膽汁）　　　❋ 劇烈腹痛、腹脹、腹部僵硬

❋ 大量且頻繁腹瀉　　　❋ 嚴重脫水、沒尿、精神活動力差

腸胃炎的飲食建議

雖然在網路、門診不斷地宣導，但大家對腸胃炎的飲食還是有很多錯誤觀念，常見的包括：「拉肚子就把奶粉泡稀」、「腸胃炎只吃白吐司、白饅頭、白稀飯」、「喝稀釋運動飲料補充水分與電解質」等等，不只沒有幫助，還常常讓腸胃炎症狀拖得更久。

當腸胃炎症狀發生時，就應該盡快補充水分和電解質，以低滲透壓的口服電解質補充液（俗稱電解水）為第 1 選擇，電解水的糖分、電解質、滲透壓都設計為最適合人體吸收的比例，許多研究顯示電解水能有效改善脫水、減輕症狀和降低需要住院的機會；白開水、稀釋的運動飲料、果汁都不是這麼推薦，因為這些飲料的電解質不足以補充因上吐下瀉的流失，而太多的糖分則會加重腹瀉。

在少量、頻繁補充電解水後，就可以慢慢試著恢復孩子的飲食，喝母乳的寶寶可以繼續喝母乳、喝配方奶的寶寶也不需要稀釋奶粉，1 歲以上的孩子開始少量多餐的清淡飲食，清淡飲食是避免油膩、油炸、刺激的食物，不是只吃白吐司、白饅頭、白稀飯，因為腸道修復需要營養，稀釋的奶或不均衡的飲食反而會延長病程，所以瘦肉、魚肉、蛋白和蛋黃都可以吃，水果推薦有天然止瀉效果的蘋果和稍微青一點香蕉（不要有黑點），香蕉富含鉀，有改善電解質不平衡和幫助腸蠕動的效果。

有許多媽媽會問孩子一吃就拉怎麼辦？還可以繼續吃嗎？一吃就拉是因為胃結腸反射（Gastrocolic reflex），屬於正常

的生理反射，在進食後腸子蠕動加快、大便往肛門推，本來就比較容易有便意，更何況是腸胃炎的時候，所以一吃就拉通常和吃的內容物無關（哪有這麼快就從嘴巴到肛門？），既然吃什麼都拉，為何要喝稀釋的奶或吃沒營養的白粥？

腸胃黏膜如果發炎比較嚴重時，位於腸道絨毛頂端、幫助消化乳糖的酵素會被破壞，引起暫時性的乳糖不耐，因此延長腹瀉的病程，所以喝配方奶的嬰幼兒可以考慮換喝無乳糖配方（俗稱止瀉奶），待乳糖酶恢復後（通常 2 週）就可以慢慢恢復正常的配方。

多洗手，預防腸胃型感冒

腸胃型感冒主要藉由糞口傳染，所以多用肥皂或洗手乳洗手可避免被傳染，尤其是照顧腸胃型感冒的病患，接觸到嘔吐物、排泄物後一定要把手洗乾淨，才不會把病菌吃下肚，千萬不要只用酒精性消毒液或乾洗手，這樣無法完全殺死腸胃型病毒。

針對嬰幼兒，輪狀病毒有口服疫苗，可以預防因輪狀病毒感染而導致嚴重腸胃炎；諾羅病毒目前沒有疫苗，而且諾羅病毒容易產生突變，得過還是可能再被傳染，只能做好個人衛生以避免被傳染。

6

醫生，我家寶貝嚴重便祕

孩子便祕，一直灌水其實沒有用！認識 3 種最常見的兒童功能性便祕，對症下藥，讓孩子不再憋大便。

　　門診最常聽到的迷思之一，就是爸爸媽媽抱怨孩子不喜歡喝水，大便又乾又硬、1 顆 1 顆的像羊大便。其實兒童便祕真的跟不愛喝水無關，多喝水雖然對身體有益，但不會改善便祕啦！兒童研究發現多喝水沒有增加排便，大人研究發現只有尿變多，因為雖然水是經由腸道吸收，但負責調節的是腎臟，喝再多水也只是變成尿而已。

協助孩子改善功能性便祕

　　兒童的便祕大多是功能性便祕，也就是非疾病所引起的，是 1 種因排便疼痛或害怕排便而造成的憋大便行為。兒童功能性便祕好發於 3 個時期：開始吃副食品、開始如廁訓練、開始上學但不想用學校廁所。（臭寶願意在學校馬桶大便時，我還因此送他 1 個禮物。）

　　造成兒童功能性便祕的原因至今還不是非常了解，可能不是單一因素引起。有的人認為是大腸的水分、電解質調控失調有關；如果家族中有人便祕，孩子也比較容易有相同的問題，意謂著便祕有遺傳、環境和社會因素；也有研究顯示牛奶蛋白過

敏會造成便祕；另外，傳統嬰幼兒副食從米、麥、蔬菜果泥開始，油脂不足也可能造成排便不順。

無論一開始排便不順的原因為何，過粗或過硬的大便引起寶寶肛門疼痛、甚至肛裂流血，會造成寶寶每次有便意就想到不好的排便經驗，因此逐漸學會憋大便，殊不知愈憋愈硬、愈硬愈憋，惡性循環。

開始吃副食品的便祕

如果寶寶吃副食品就開始便祕，建議副食品少量多樣化，不用避免容易過敏的食物，食物調理可以加點橄欖油，或添加肉泥、蛋黃等天然含油脂的食物。

照顧者還可以每天幫寶寶順時針按摩肚子，或手握寶寶腳踝做踩腳踏車的動作（膝蓋稍微頂到肚子），藉此幫助腸蠕動，刺激排氣和排便。

嚴重便祕或長期便祕，經醫師評估後，通常建議使用一陣子的軟便藥物打斷愈硬愈憋、愈憋愈硬的惡性循環，建立順暢排便的好經驗；除了軟便藥，也可以額外補充益生菌，改善腸蠕動和排便；懷疑牛奶蛋白過敏，可以考慮換成部分水解配方。

雖然 1 歲以下不建議喝果汁，但**嚴重便祕的嬰幼兒，可以考慮補充蘋果汁、梨子汁或黑棗汁**，因為這些水果含山梨醣醇（Sorbital），大部分的山梨醣醇不會被人體吸收，在大腸中被細菌分解為氫氣、二氧化碳、甲烷、短鏈脂肪酸等，藉由滲透作用達成軟便效果。

開始如廁訓練的便祕

門診經常遇到的問題，就是孩子只願意包著尿布才大便，不肯坐在小馬桶上，如果被強迫坐在馬桶上，他就夾緊屁股憋大便。通常孩子 2 歲左右就可以開始如廁訓練，不過有的孩子快、有的孩子慢，家長不用太焦慮。如果孩子已經會表達尿布尿濕了或便便了，了解「尿尿」、「嗯嗯」、「臭臭」、「便便」的意思，知道馬桶是做什麼用的（例如看過別人使用馬桶或用繪本介紹馬桶的功能），就代表他準備好可以開始如廁訓練了。

準備好孩子的小馬桶後，先讓他熟悉小馬桶，鼓勵他脫掉尿布坐在上面，絕對不要強迫孩子坐小馬桶。小馬桶可以擺在他熟悉的地方，也可以擺在廁所裡，大人上廁所時，孩子也一起坐在小馬桶上。如果他成功在小馬桶尿尿或大便，適時給予鼓勵或小禮物，可以大大提高成功的機會喔！

不想用外面廁所的便祕

如果孩子上學後開始排便不順，建議家長可以訓練孩子每天晚餐後半小時內去坐馬桶 5 ～ 10 分鐘（早餐通常太趕來不及），吃飽後腸蠕動加快本來就比較容易有便意，但孩子常常顧著要玩，便意憋一下就過了，憋了 1 ～ 3 天就上不出來了，所以飯後規定孩子在馬桶上坐一下，放輕鬆，不用強迫一定要上出來才能離開，孩子常常坐著坐著就大便了，養成每天晚上在家排便的習慣，就不怕孩子在學校不敢大便。

小心先天巨結腸症

　　大部分的便祕都是功能性便祕，只要均衡飲食、適當運動、養成良好的排便習慣和配合藥物治療，通常反應都很好，但開始於 1 歲內的便祕，還是要小心是否由疾病造成，例如先天性巨結腸症！

　　先天性巨結腸症是 1 種腸神經結缺損，造成寶寶無法正常地排便，典型且嚴重的個案從出生就有排胎便困難，常常會腹脹，接著持續嚴重的便祕，但也有一些寶寶一開始症狀輕微，可能從吃副食品後開始斷斷續續便祕，而後症狀愈來愈嚴重。所以如果寶寶有排便不順的問題，還是要帶給兒科醫師看，做點簡單的評估喔！

斑點熟香蕉，有助於改善便祕

🍌 青香蕉

 腸胃炎時可食用。

 可減少腹瀉量和時間、嘔吐次數、口服電解水或點滴的需求、降低血便的機會。

🍌 斑點熟香蕉

 便祕時可食用。

 富含膳食纖維。

 富含果寡糖，經細菌分解，可刺激腸蠕動，幫助排便。

常見的功能性便祕與解決方式

功能性便祕產生時期	建議解決方法
開始吃副食品	1.副食品少量、多樣化，不用避免容易引起過敏的食物。 2.食物調理添加橄欖油、肉泥、蛋黃等天然含油脂的食物。 3.順時針按摩肚子，或手握寶寶腳踝做踩腳踏車的動作。 4.嚴重便祕經醫師評估，可使用軟便藥與益生菌以改善。
開始如廁訓練	1.等孩子會表達尿布濕了或便便了，再開始進行如廁訓練。 2.鼓勵孩子脫尿布坐在小馬桶上（不一定要成功上出來）。 3.孩子成功在馬桶中便溺時，可以適時給予鼓勵或小禮物。
不想使用外面廁所	1.訓練孩子每天晚餐後半小時內，坐馬桶5～10分鐘，不強迫一定要上出來才能離開。 2.有一段時間專心坐馬桶，孩子很容易就會自然上出來，養成每晚在家排便習慣。

7
我家有位過敏兒！

過敏兒的比例愈來愈高，與遺傳、環境都有極大關聯，減少過敏原，就從環境的清潔開始。

　　過敏是很複雜的免疫反應，如果用 1 句話來說，過敏是先天遺傳體質被後天環境物質誘發所產生的症狀和疾病。

　　臭寶爸鼻子過敏、媽媽安娜小時候氣喘，臭寶當然也是個過敏兒，雖然一出生就儘量哺餵母乳，配方奶也使用部分水解配方，3 個月大後還是開始在臉頰、脖子、身體出現搔癢症狀，皮膚磨蹭得又紅又粗糙，後來又陸續發作了幾次氣喘，現在早上容易打噴嚏、流鼻水，只要下雨變天，皮膚、氣管和鼻子比氣象局雷達還敏感。

　　異位性皮膚炎、過敏性鼻炎、氣喘是 3 個互相高度關聯、但好發年紀不同的過敏疾病，通常先從寶寶異位性皮膚炎開始，接著感冒時容易發生喘鳴聲，早上起床常常打噴嚏流鼻水，隨著年紀增長，大部分的異位性皮膚炎和氣喘都會改善，留下鼻子過敏到成年。

　　有的爸爸媽媽會問為什麼父母只有過敏性鼻炎，小孩會有異位性皮膚炎和氣喘呢？雖然爸爸媽媽有過敏體質，但父母小時候的環境比較不會誘發過敏疾病，長大後的環境開始讓鼻子過敏，而孩子是一出生就接觸到現在這個環境啊！所以就容易患

上異位性皮膚炎和氣喘。

控制過敏原

　　你知道孩子對什麼過敏嗎？治療過敏疾病最重要的就是控制過敏原，不過一般建議 3 歲以上才做抽血檢驗過敏原，一來年紀太小抽血不易，二來尚未接觸的過敏原檢測不出來。

　　寶寶常見的過敏原，在食物方面就是牛奶蛋白，因此母乳是寶寶最好的食物來源；如果不能哺餵母乳，部分水解蛋白配方對過敏兒會是比較好的選擇。經過水解處理可以減少牛奶蛋白過敏的機會，而營養完全和一般配方奶相同，不需額外補充任何營養素。

　　呼吸道過敏原最常見的就是塵蟎和黴菌，其他還有貓狗皮毛、蟑螂、花粉等等。**針對減少塵蟎和黴菌，最簡單而有效的方式就是除濕**，因為潮濕的環境有利塵蟎和黴菌繁殖，所以人不在臥室時就把除濕機打開，濕度愈低愈好，人在臥室活動或晚上睡覺時就把除濕機關掉，維持人體最適濕度（50% 左右）。空氣清淨機也能有效減少空氣中飄浮的過敏原和細懸浮微粒（PM2.5）。

　　另外，塵蟎的食物是人類皮屑，所以喜歡聚集在寢具、床墊、地毯等食物充足的地方，因此美國兒科醫學會建議：不能洗的枕頭、床墊應用防蟎材質包覆；能洗的床單、寢具每 1 ～ 2 週就要用熱水（55℃）殺死塵蟎，並將塵蟎屍體清洗掉。

❄

抗過敏 3 機

洗衣機　　　　　空氣清淨機　　　　　除濕機

POINT 1 塵蟎與黴菌是最常見的呼吸道過敏源。

POINT 2 抑制塵蟎、黴菌生長，最有效的方式就是除濕。

異位性皮膚炎的照護

異位性皮膚炎是最早發生、也是最容易觀察到的過敏疾病了。醫生會詢問家族過敏病史、看看疹子分布的位置、摸摸皮膚的觸感、評估藥物治療的反應來診斷，只看照片實在難以評估，所以不要線上問「疹」。

相較於鼻子、氣管，皮膚是最容易保養的部位，因異位性皮膚炎與皮膚的保濕能力較差有關，所以最重要的保養就是皮膚保濕：清水洗澡減少清潔劑刺激、水溫勿過高（30～35℃）、洗完澡稍微拍乾後馬上擦乳液、嚴重時可以早中晚各塗抹 1 次。

明顯的皮膚搔癢、皮膚發炎、甚至抓傷滲液，需要使用含類固醇的消炎外用藥膏，配合醫師治療，通常都有不錯的效果，且沒有明顯副作用；睡前搭配抗組織胺的口服藥物，可以止癢並減少夜間不自覺地抓傷皮膚；嚴重且頑固的異位性皮膚炎，可能需要使用到濕敷療法，可以諮詢兒童過敏氣喘科醫師或皮膚科醫師。

因為異位性皮膚炎，臭寶養成每天泡澡後擦乳液的習慣，皮膚狀況改善很多，半夜再也不會癢到呼喚爸爸幫忙抓癢，不過緊接而來的是感冒後的氣喘發作，只要夜裡聽到他咳個幾聲，就會擔心他是不是又喘起來了。雖然照顧過敏兒需要更多注意和費心，但只要好好控制，大部分孩子的症狀都能隨著年紀長大而得到改善。

8

過敏性鼻炎和氣喘

要改善過敏性鼻炎與氣喘，有急性緩解與慢性保養 2 種途徑，可依孩子嚴重程度來選擇不同改善方式。

　　臭寶從小就是過敏兒，睡前鼻塞，早上起床或溫差變化時容易打噴嚏流鼻水，在夏天吹冷氣、冬天吹暖氣等空氣乾燥的情況下，就會頻繁流鼻血，常常睡醒發現床或枕頭上血跡斑斑，感冒後或遇到天氣變化更是容易喘起來和夜咳。

　　過敏性鼻炎和氣喘其實是類似的問題，只是發生在呼吸道不同的位置，過敏性鼻炎發生在鼻黏膜，發作時鼻黏膜腫脹，造成鼻塞和流鼻水；簡單地說，氣喘就是同樣的事情發生在氣管、支氣管黏膜中，造成氣管、支氣管狹窄（鼻塞）和很多的痰（流鼻水）。

　　不同於出生後很快就發生的異位性皮膚炎，過敏性鼻炎和氣喘的症狀常常在 2、3 歲後或是上幼兒園才變得明顯，因為上學後容易感冒，感冒時呼吸道變得更敏感，也更容易過敏發作。

過敏性鼻炎改善方法

　　鼻子過敏看似不是什麼大問題，症狀輕微的早上起床打噴嚏流鼻水、擤擤鼻涕就好，不影響白天日常生活；但症狀嚴重的孩子整天鼻塞，晚上睡不好，白天就沒精神，專注力不集中，

當然日常表現和課業成績就會受到影響。

引起鼻子過敏的過敏原除了常見的塵蟎、黴菌、花粉、二手菸／三手菸和空氣汙染等，溫差變化或是早上起床的冷空氣也會造成打噴嚏流鼻水，所以起床後馬上戴口罩，至少戴到早上出門，能有效減少鼻過敏症狀。

控制過敏性鼻炎的藥物有分為以下 2 類。

急性緩解

急性鼻過敏發作時可以使用第 1 代抗組織胺改善流鼻水、鼻子癢，鼻血管收縮劑（通常是麻黃素類藥物）可讓黏膜消腫、改善鼻塞症狀，也有同時含以上 2 種成分的複方藥。雖然急性緩解藥物作用快又有效，但第 1 代抗組織胺有頭暈、嗜睡等副作用，鼻血管收縮劑則易讓孩子躁動不安、哭鬧。

慢性保養

如果孩子鼻過敏症狀天天發作（1 週 4 天以上），症狀又嚴重到影響白天活動和專注力、晚上鼻塞打呼睡不好，就會建議每天使用慢性保養藥物。

最有效的藥物就是類固醇鼻噴劑，因為劑量非常低，只作用於鼻黏膜，不會有口服類固醇的副作用，但需要每天連續使用，有時候噴、有時候沒噴效果就不好。

如果除了鼻過敏，還有其他眼睛癢、皮膚癢等過敏問題，每天睡前服用第 2 代抗組織胺可以同時控制全身過敏症狀，相較第 1 代抗組織胺，第 2 代比較不會產生嗜睡的副作用，可以長

期使用。

流鼻血時勿緊張

鼻子過敏的孩子特別容易流鼻血，因為本身鼻黏膜就脆弱，又常常打噴嚏、搓揉鼻子、挖鼻子，加上空氣乾燥就會黏膜乾裂，造成血管破裂。

當孩子流鼻血時，爸爸媽媽要保持冷靜並適時安撫小孩，因為愈緊張激動就愈難止住血，並讓孩子坐著、身體微微前傾，避免後仰造成鼻血倒流、引起嘔吐反射，告訴孩子用嘴巴呼吸，然後捏住鼻翼（不是鼻梁！）5～10分鐘，也可以稍微冰敷鼻梁。如果鼻血仍不止，可以反覆上述步驟，持續流鼻血的話，建議就醫處理。

如果孩子常常流鼻血，除了好好控制鼻過敏、避免吸入二手菸／三手菸之外，可以使用加濕器避免室內空氣太乾燥，或睡前用凡士林塗抹鼻黏膜避免乾裂，就能預防反覆流鼻血，大部分容易流鼻血的孩子都會隨著年紀長大而改善。

以減少過敏原改善氣喘

氣喘的「喘」代表的是氣管、支氣管發炎，發炎的時候吸到冷空氣、過敏原、空氣汙染等刺激物，就會引起支氣管收縮變狹窄，像是冬天門窗沒關好，風吹過狹窄處的「咻咻」喘鳴聲，嚴重狹窄吸不到氣時就會不斷咳嗽，或和跑完步一樣明顯用肚子幫忙喘氣，甚至造成脖子（胸骨上）或肋緣凹陷。

單1次的喘可以是因為呼吸道感染造成的急性氣管、支氣

管發炎，例如得到流感和黴漿菌，或呼吸融合病毒引起的細支氣管肺炎；但如果經常發生「咻咻」喘鳴聲、每次感冒咳嗽不容易好、常常夜咳或有運動時咳嗽等症狀，醫生就會合理懷疑孩子是不是有氣喘體質，因為慢性的氣管、支氣管發炎大部分是過敏性的。

　　治療過敏疾病最重要的就是控制過敏原，氣喘當然也不例外，常見誘發氣喘發作的因子包括塵蟎和黴菌、二手菸／三手菸、空氣汙染等等，所以除溼防蟎、常換洗寢具、避免二手菸／三手菸、使用空氣清淨機減少空氣中的汙染物是基本措施；美國研究發現肥胖且有氣喘的兒童中，約¼人數的氣喘是肥胖直接造成的，不是過敏性的，所以**均衡飲食和控制體重也可以減少氣喘發生**。

　　氣喘的藥物也可以分為急性緩解和慢性保養 2 類。

急性緩解

　　急性發作時緩解的藥物有吸入型或口服的氣管擴張劑，如果使用氣管擴張劑沒有改善症狀，或嚴重氣喘發作時，會加上口服或注射型的類固醇，改善氣管和支氣管發炎，正常劑量使用 1 ～ 2 週內的口服類固醇，是安全無虞的。

慢性保養

　　如果氣喘頻繁發作，就需要使用慢性保養藥物，可以減少發作頻率和嚴重度，慢性保養藥物有每天睡前 1 顆抗發炎的白三烯素拮抗劑（非類固醇，常聽到的如「欣流」和「萬剋喘」等），

或各式各樣的吸入型類固醇，相較於口服類固醇，吸入型類固醇的劑量非常低，只作用在肺部，可以長期使用而不會有口服類固醇的副作用。

隨著年紀長大，臭寶的過敏症狀有好轉的跡象，上了小學後也比較少感冒了，除了持之以恆做好保養，配合均衡飲食、規律作息和減少環境刺激，臭寶爸也開始教他照顧自己，畢竟過敏體質不會消失，爸爸媽媽沒辦法照顧他一輩子。

過敏性鼻炎 V.S. 氣喘

	過敏性鼻炎	氣喘
發生部位	鼻黏膜	氣管／支氣管黏膜
症狀	鼻塞、流鼻水	支氣管狹窄、痰多
急性緩解	第 1 代抗組織胺　鼻血管收縮劑	氣管擴張劑　類固醇
慢性保養	類固醇鼻噴劑　第 2 代抗組織胺	吸入型類固醇、白三烯素拮抗劑（欣流、萬剋喘）

9

兒童蕁麻疹和食物過敏

蕁麻疹有時由食物過敏引發，食物過敏通常會隨著孩子長大而改善，這邊介紹幾種常見、易引發孩童過敏的食物。

　　臭寶第 1 次蕁麻疹發作是因為晚餐鳳梨吃太多，睡覺前身上開始出現 1 塊 1 塊浮起來的疹子，而且癢到一直抓，還好家裡有位兒科醫師，也有抗組織胺藥水可以緩解症狀，不用衝急診。第 2 次蕁麻疹發作則是芒果吃太多……之後再也不讓他同種食物 1 次吃太多，尤其是容易過敏的食物。

兒童蕁麻疹：多找不到原因

　　蕁麻疹是 1 種過敏反應，常常以暫時性的紅疹或皮膚水腫隆起（中間蒼白周圍紅腫，像被蚊子咬一樣）表現，又叫風疹或風疹塊，病灶通常很癢，而且疹子的大小和位置會隨時間改變，有時伴隨血管性水腫；血管性水腫會影響比較深的皮下組織、真皮層，常發生在嘴唇、舌頭、眼瞼和手腳等部位。

　　兒童蕁麻疹發生率約 2.1 ～ 6.7%，算是門診常見的過敏疾病，依症狀持續時間分為急性蕁麻疹和慢性蕁麻疹。兒童蕁麻疹大部分是急性的，通常發作 2、3 天～ 1 星期，若症狀持續超過 6 週就定義為慢性蕁麻疹。

　　雖然急性蕁麻疹是食物過敏常見的形式，但根據大型研究

調查，70 ～ 80% 的兒童蕁麻疹找不到誘發過敏的原因，有 10 ～ 20% 可能是由感冒病毒或細菌感染引起，約有 3% 是藥物引起，食物過敏只佔 1%。

因此如果孩子是第 1 次蕁麻疹發作，大部分找不太到原因，也不一定會再發作，只要找兒科醫師做個簡單的評估，並以口服抗組織胺做治療即可，爸爸媽媽不用太擔心，也不用急著做過敏原檢測。

食物過敏：抽血檢測不準確

食物過敏指的是在明確吃了某些食物後產生蕁麻疹、血管性水腫、腸胃不適如嘔吐和腹瀉等過敏症狀，常見的食物過敏原有牛奶、蛋、帶殼海鮮（如蝦、蟹）、魚、水果等。

抽血檢測食物過敏原其實並不準確，因為常常檢測對某物有過敏，但吃下肚什麼事情也沒發生，嚴格來說，腸道內其實不是真的體內，大部分吃進肚裡的過敏原經過消化酵素破壞或抗體中和後，吸收進入身體裡的成分已經不會引起任何過敏反應；相對的，腸道未成熟的嬰幼兒、腸胃發炎消化能力下降時、或單一食物吃太多超過腸胃負擔都特別容易引發食物過敏。

據國外調查，小於 3 歲的孩子有 6% 有食物過敏，但成長至大人只剩約 1.5% 有食物過敏，其中**奶、蛋、小麥、大豆過敏的孩子 85% 在 3 ～ 5 歲會緩解；但花生、堅果、魚、帶殼海鮮的過敏則大部分不會改善**。

另外，有些人吃到不新鮮的魚或海鮮會過敏、蕁麻疹發作，但吃新鮮的則不會，這是因為海鮮、魚肉中組胺酸含量較高，

不當保存時，細菌會將組胺酸分解為組織胺，食用的人就會產生類似過敏症狀的組織胺中毒，並不是真的對魚或海鮮過敏，不過治療上仍以抗組織胺做治療。

水果過敏：通常會隨長大改善

植物過敏原廣泛地存在生活中，對植物或花粉過敏也可能會對水果過敏，因為水果是花的子房長成。水果過敏常常引起嘴唇、舌頭、喉嚨癢癢的口腔過敏症候群（Oral allergy syndrome），如果 1 次吃太多可能引發蕁麻疹，嚴重的過敏性休克則很罕見。

因人種不同、易取得的水果有差異，所以每個國家容易過敏的水果都不一樣，台灣以芒果、奇異果、鳳梨過敏較為常見，臭寶爸也在門診遇過去草莓園摘草莓吃到飽或是 1 天吃好幾根香蕉而蕁麻疹大發作的孩子。以下簡單介紹孩子最愛吃的草莓和芒果過敏。

草莓過敏

草莓過敏原與樺木花粉過敏原相似，這個過敏原是由成熟的紅草莓所產生的，如果是對這個有過敏反應的人吃日本白草莓則不會產生過敏反應（但是白草莓非常貴）。有 1 篇歐洲的調查顯示：2 歲時，約有 3 ～ 4% 的孩子對草莓過敏，隨著年紀增長逐漸下降至 0.5 ～ 1%，所以大部分的草莓過敏會隨著年紀增長而改善。

芒果過敏

　　芒果過敏則是因為芒果屬於漆樹科，芒果樹和芒果皮含漆酚（Urushiol，是 1 種過敏原），愈生（青）的芒果漆酚愈多，芒果肉也含多種可能過敏原。臨床觀察芒果過敏的人也會隨著年紀改善，因此吃芒果會過敏的孩子可以等芒果很熟再吃、盡量不要碰觸到芒果皮、1 次不要吃太多，如果還是會過敏，就等孩子長大一點再嘗試。

　　愈來愈多證據顯示，寶寶在 4 個月大後添加副食品時，少量多樣化的嘗試，不特地避開容易過敏的食物，反而可以降低以後過敏的機會；國內的研究也顯示嬰幼兒在 1 歲前吃過水果、蛋白、蛋黃、花生、魚、帶殼海鮮，可以降低未來過敏體質的風險；美國研究發現有 11.4% 的家長認為孩子有食物過敏，但其實只有 7.6% 兒童真的有食物過敏。

 育兒小筆記

　　兒童食物過敏雖然很不舒服且困擾，但沒發生過敏症狀前不用刻意避免容易過敏的食物，發生過敏反應也不要自己亂猜，應該做詳細的飲食紀錄，提供醫師評估和判斷會比較準確喔！

蕁麻疹過敏原

 蕁麻疹是接觸過敏原引起的皮膚過敏反應。

 過敏原可以是感冒、食物、藥物……

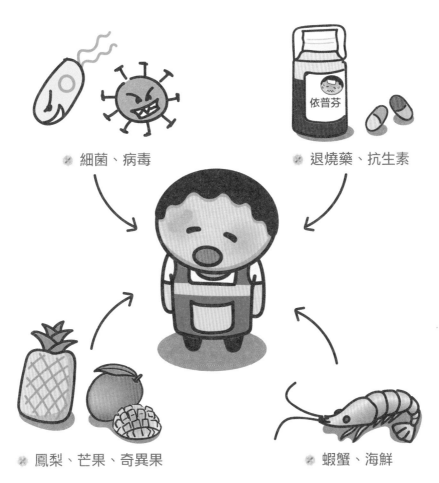

細菌、病毒

退燒藥、抗生素

鳳梨、芒果、奇異果

蝦蟹、海鮮

04

兒童用藥安全

兒童藥品琳瑯滿目,為了孩子的安全,父母還是多少
了解一下常見幾種藥物的作用與副作用,在孩子生病
時,能多一點安心。

1

常見兒童用藥疑問

大人藥能否給孩子服用？用藥劑量怎麼算？這些全都不能馬虎，一個不小心，不僅病沒好，還會產生副作用。

因為幾乎只有吃甜甜的藥水、沒有吃到苦苦的藥粉，臭寶從小餵藥就沒什麼困難，甚至有些藥他吃了還想再吃，所以他的藥水我們一定會收好，盡量放在他看不到、也拿不到的地方，避免誤食。

臨床上，常常遇到醫生開了藥卻沒有詳加解釋，藥師則不清楚病患病況，只能就藥物副作用做叮嚀，結果就算給了再好的藥，沒有按時服用、不正確使用、甚至不當使用，不只沒效，還容易產生副作用。

以下是一些在門診常見的兒童用藥疑問。

藥水劑量算法都一樣？

兒童藥物劑量絕對不是體重除以 2 或 4 這麼簡單，我們兒科醫師常說「兒童不是大人的縮影」，藥物的使用需考慮到年紀、體重、腎功能、疾病或嚴重度不同等等。舉例來說，同樣 1 歲的孩子體重可以從 8kg、10kg 到甚至 16kg……如果只計算體重，藥量可以差到 1 倍！

同 1 種抗生素，針對不同疾病所需要的劑量或療程也不相

同。例如安滅菌糖漿，治療扁桃腺化膿、肺炎只要使用一般劑量，治療中耳炎、鼻竇炎則需要使用高劑量。

因此不建議自行讓孩子吃藥，最好還是經醫師診斷才能服用正確的藥物和劑量。

大人的藥可以給小孩吃嗎？

每種藥物的副作用都不同，需要注意的事項也不一樣，嬰幼兒的器官仍然在生長發育，對藥物的副作用也更加敏感。

例如大人使用的甘草止咳水含鴉片類成分，驗尿會成嗎啡陽性反應，可能會有呼吸抑制或影響腦部的疑慮，不適合幼童使用；大人使用的強力止瀉藥 Imodium（Loperamide）也是鴉片類藥物，嬰幼兒使用容易造成腸蠕動停止、嚴重腹脹腹痛、甚至引發巨結腸症需放置肛管引流減壓。所以就算症狀一樣，也不建議把大人或別人的藥給小孩吃。

不建議兒童服用 Imodium

美國食藥署禁用 Imodium（強力止瀉藥）於 2 歲以下兒童，因為有抑制呼吸和嚴重心臟副作用！

美國兒科醫學會亦不建議使用 Imodium 於兒童腸胃炎，容易造成腸蠕動停止、嚴重腹脹腹痛，甚至引發巨結腸症，需放置鋼管引流減壓。

藥水或藥粉哪種比較好？

兒童的藥物都是從大人的藥來的，卻只有少數常用藥製做成兒童專用糖漿，使用藥水或藥粉各自有其優缺點。藥粉味道比較苦，磨了容易潮解變質，分裝時常大小包、劑量不均，多種藥物磨粉在一起、交互作用，效果令人懷疑，在磨藥器中也可能混到其他藥物，甚至因此吃到會過敏的藥。

但有些藥物沒有做成糖漿，只好使用藥粉，或藥物種類較多時，藥水量可能過多（光喝藥水就飽了），另外糖漿都做成孩子喜歡的口味，稍不注意可能被孩子整瓶喝下肚！

有些人對藥水的添加物或色素過敏，癲癇兒使用生酮飲食時不能使用糖漿，苯酮尿症患者則不能吃到含阿斯巴甜的糖漿。所以醫生會按照疾病需要、病人平常用藥習慣、特殊狀況等等來開立最適合的藥物。

為什麼要保留藥單？

雖然現在有健保卡、又有雲端藥歷，但因為系統登載不是即時的，健保卡或雲端記載的藥物不等於實際服用的藥物（健保不給付或自費藥），醫生更是沒辦法從藥粉、顆粒外觀、甚至病人描述來辨識藥物。例如孩子發燒，常常家屬就醫時表示已

在家讓孩子吃過紅色或紫色退燒藥水，你知道退燒藥水的正確名稱嗎？因為紅色或紫色只是代表口味，沒有人知道孩子到底吃了什麼藥。

所以看完醫生、拿完藥，請保留藥單，如果發生藥物副作用、換醫療院所、轉診大醫院，請帶著藥單，醫生才知道你吃過什麼藥。

兒童用藥最重要的就是安全，需要注意的事項也很多，臭寶爸為了在網路上做衛教，畫了簡單的圖文、介紹許多瓶瓶罐罐的藥水，希望大家能更重視兒童用藥安全。

兒童常用藥物

孩子吃下去的藥品有什麼效果？又容易產生哪些副作用？
認識幾種常用藥物，治療期間更安心。

鼻塞藥

　　兒童鼻塞藥水都是第 1 代抗組織胺＋偽麻黃鹼的複方藥，
偽麻黃鹼是 1 種交感神經興奮劑，作用在鼻子時可以有效緩解
鼻黏膜充血和鼻塞，但作用在腦部時會造成興奮、躁動、睡不
著，作用在心臟時會心跳加快、心悸，所以嬰幼兒須謹慎使用。

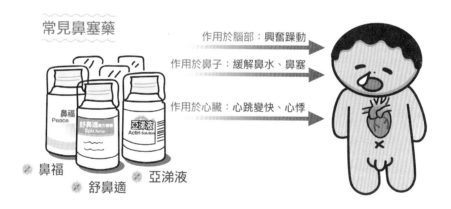

常見鼻塞藥

作用於腦部：興奮躁動
作用於鼻子：緩解鼻水、鼻塞
作用於心臟：心跳變快、心悸

鼻福 Peace
舒鼻適 Splz Syrup
亞涕液 Actin Solution

鼻福
舒鼻適
亞涕液

成分：第 1 代抗組織胺＋偽麻黃鹼
作用：緩解鼻水、鼻塞
用法：1 天 3 ～ 4 次
副作用：興奮躁動、心跳變快、心悸

抗組織胺

　　抗組織胺分為第1代和第2代，是感冒藥的常見成分，可以用來治療流鼻水、止癢、抗過敏。第1代抗組織胺容易影響腦部而有嗜睡頭暈的副作用，通常急性症狀會選用第1代抗組織胺，除了效果好，孩子睡眠也比較安穩，可以得到適當的休息；第2代抗組織胺比較不會影響腦部，常使用於慢性過敏，長期使用時才不會每天昏昏沉沉的。醫生會考量個別情況和藥物反應，選擇合適的藥物。

3 種常見抗組織胺比較

	希普利敏液	勝克敏液	息咳寧
成分	Cyproheptadine 第1代抗組織胺同於擁有抗乙醯膽鹼、抗血清素作用。	Cetirizine 第2代抗組織胺長效型	複方藥，同時有第1代抗組織胺、支氣管擴張劑和化痰成分。
作用	治療蕁麻疹、感冒鼻涕、過敏性鼻炎	治療蕁麻疹、過敏性鼻炎、結膜炎	綜合感冒藥
	1天3～4次	1天1～2次	1天3～4次
	嗜睡、胃口增加，新生兒避免使用	少見，偶有嗜睡，極罕見有肌張力異常情況	很少發生

咳嗽藥

　　咳嗽藥簡單分為化痰、止咳和支氣管擴張劑。嬰幼兒大多優先使用化痰藥，減少呼吸道分泌物的黏稠度，讓痰比較容易咳出；止咳藥是抑制腦部咳嗽中樞，減少咳嗽反射，支氣管擴張劑則可以緩解支氣管收縮，止咳藥和支氣管擴張劑建議經醫師診療後再使用。

常見化痰藥水

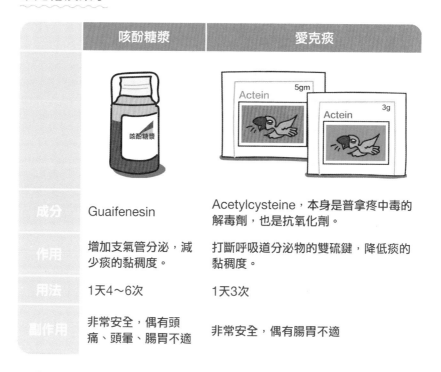

	咳酚糖漿	愛克痰
成分	Guaifenesin	Acetylcysteine，本身是普拿疼中毒的解毒劑，也是抗氧化劑。
作用	增加支氣管分泌，減少痰的黏稠度。	打斷呼吸道分泌物的雙硫鍵，降低痰的黏稠度。
用法	1天4～6次	1天3次
副作用	非常安全，偶有頭痛、頭暈、腸胃不適	非常安全，偶有腸胃不適

HINT　愛克痰有 2 種劑型，劑量差 1 倍，請依醫生指示用藥。

常用氣管擴張劑

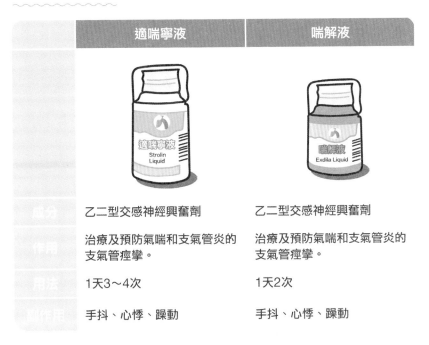

	適喘寧液	喘解液
成分	乙二型交感神經興奮劑	乙二型交感神經興奮劑
作用	治療及預防氣喘和支氣管炎的支氣管痙攣。	治療及預防氣喘和支氣管炎的支氣管痙攣。
用法	1天3～4次	1天2次
副作用	手抖、心悸、躁動	手抖、心悸、躁動

常用止咳藥水

成分：主要為 Dextromethorphan
作用：止咳、化痰
用法：1天3～4次
副作用：**過量使用有成癮性**

息咳液

腸胃藥

　　大部分的腸胃藥都沒有糖漿的劑型，只有常用的止吐、止瀉、軟便藥有兒童用糖漿。止吐藥有幫助胃排空、促進腸蠕動、增加食欲等作用，但在嬰幼兒容易發生錐體外症候群（EPS），造成肌張力異常，包括肢體不自主顫抖、顏面攣縮等，使用仍需小心。止吐藥通常趁剛吐完空腹服用，效果比較好。

常用止吐藥

	安適胃寧液	胃利空懸液劑
	Aswell Solution	Wempty Suspension
成分	多巴胺阻斷劑	多巴胺拮抗劑，與止吐塞劑相同成分，重複使用小心過量。
作用	抑制腦部嘔吐反射、促進腸胃蠕動	止吐、幫助腸蠕動
用法	1天3～4次	1天3～4次，飯前使用
副作用	易發生錐體外症候群	很少，嬰幼兒發生錐體外症候群的機會較高

常用止瀉藥

成分：矽酸鹽礦物
作用：止瀉和保護胃腸黏膜
用法：每包與 50ml 的水混
　　　合，並於 1 天內分次
　　　給予。
副作用：便祕

◎ 舒腹達

常用軟便藥

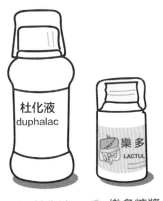

成分：乳果糖
作用：乳果糖是 1 種人體不
　　　吸收的雙醣，在大腸
　　　被細菌分解成有機酸，
　　　再藉由滲透作用產生
　　　緩瀉效果。
用法：每日服用 1 ～ 2 次
副作用：腹瀉

◎ 杜化液　◎ 樂多糖漿

退燒藥

　　嬰幼兒容易因為輕微感冒或腸胃炎就發燒，退燒藥幾乎是家裡的必備藥。常用的退燒糖漿有安佳熱和依普芬（或炎熱消、舒抑痛），退燒藥本身也是止痛藥，所以其實沒有一定要發燒幾度才能吃，頭痛、喉嚨痛也可以吃；如果孩子無法口服退燒藥，則可以使用退燒塞劑。

常用退燒藥水

	安佳熱	依普芬／炎熱消／舒抑痛	退燒塞劑（非炎栓劑）
成分	乙醯胺酚（和普拿疼成分相同）	非類固醇消炎藥（NSAID）	非類固醇消炎藥（NSAID）。有12.5mg／25mg 2種劑型，使用請注意劑量！
作用	退燒、止痛	止痛、消炎、退燒，止痛、退燒，效果較安佳熱好。	止痛、消炎、退燒
用法	可每4～6小時服用1次，服用後約1小時才開始作用。	可每6～8小時服用1次，服用後約0.5～1小時開始作用。	每6～8小時使用1次，使用後約0.5～1小時開始作用。
副作用	過量使用有肝毒性。	較容易引起過敏反應、消化道潰瘍，過量易有腎毒性。	可能引起過敏反應，或刺激直腸造成輕微腹瀉。

抗生素

　　兒童常用的抗生素有治療中耳炎、鼻竇炎的安滅菌，和治療黴漿菌的日舒懸浮液。濫用抗生素容易讓細菌產生抗藥性，最新研究顯示台灣黴漿菌對紅黴素的抗藥性已經達 7 成，因此，抗生素有必要時才使用，不要隨便自行購買或要求醫師開立抗生素，並遵照醫師指示完成一定的療程。

常用抗生素

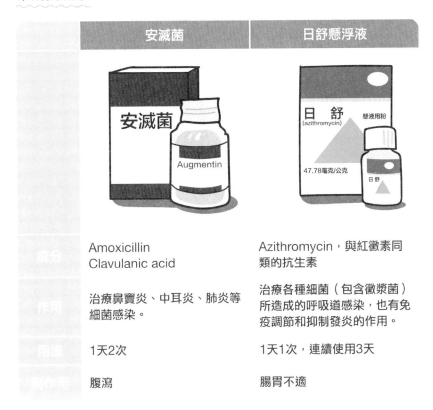

	安滅菌	日舒懸浮液
成分	Amoxicillin Clavulanic acid	Azithromycin，與紅黴素同類的抗生素
作用	治療鼻竇炎、中耳炎、肺炎等細菌感染。	治療各種細菌（包含黴漿菌）所造成的呼吸道感染，也有免疫調節和抑制發炎的作用。
用法	1天2次	1天1次，連續使用3天
副作用	腹瀉	腸胃不適

類固醇

身體的腎上腺皮質素是 1 種抗發炎的荷爾蒙，類固醇就是人工合成的皮質素，長期使用可能會變胖、月亮臉、水牛肩、影響身高、免疫力下降等等副作用，兒童因過敏氣喘短期口服使用或長期低劑量局部使用（類固醇鼻噴劑或吸入型類固醇）則很少發生副作用，家長可以放心。

常用類固醇

	必爾生	類固醇鼻噴劑
成分	類固醇	類固醇
作用	抗過敏、抑制發炎反應	治療過敏性鼻炎
用法	1天3～4次	1天1次，連續每天使用
副作用	短期使用很少發生	很少，偶有鼻血、頭痛、白色念珠菌感染

類固醇鼻噴劑 v.s. 長效抗組織胺

	類固醇鼻噴劑	長效抗組織胺
藥品	Nasonex／內舒拿 Avamys／艾敏釋	Cetirizine／勝克敏液
成分	類固醇	第2代抗組織胺
用法	1天1次	1天1次
適應症	過敏性鼻炎	過敏性鼻炎、 結膜炎、蕁麻疹
副作用	鼻血、頭痛、白色念珠菌感染	少見，偶有嗜睡、肌張力異常 （罕見）

Chapter

05

臭寶爸的碎碎唸

身為兒科醫師，門診時常會聽到家長對於帶小孩的一些錯誤觀念與迷思，讓醫生哭笑不得。嬰幼兒的照護很重要，還是要以兒科醫師的專業建議為主哦！

1
語言發展與親子共讀

每個孩子有自己的發展步調，只要沒有過慢，都可以在一旁以耐心陪同他們學習、發展。

　　臭寶爸小時候到了 3、4 歲還不太會講話，差點被帶去剪舌繫帶，直到上了幼兒園後才慢慢改善；臭寶小時候語言發展也是比較慢，到了 2 歲只會說幾個字，安娜試著帶他去上一些幼兒感覺統合課程，但臭寶怕生慢熟又高敏感，每堂課都要到下課前 10 分鐘才要跟老師同學互動，上課效果很差，後來靠著每天親子共讀和提早送他去幼兒園，語言發展和詞彙突飛猛進，當爸媽的才鬆了一口氣。

語言發展時程，人人不同

　　每個孩子的發展都有差異，有些項目發展快，有些項目則慢一些，兒童健康手冊中提供的正常發展時程指的是 50% 兒童能達到的年紀，意味著有一半的孩子達不到，所以爸爸媽媽不用過度擔心焦慮；相對的，兒童健康手冊的警訊時程（紅字）為 90% 的兒童能達到的年紀，如果孩子無法有完成該事項的能力，一定要帶去給兒科醫師檢查一下。

　　語言發展的警訊時程有：8 個月大不會轉向聲源、11 個月大不會模仿簡單的聲音、1 歲 6 個月大不會有意義的叫爸爸媽

媽、2歲不會講至少10個單字等等。語言發展遲緩的原因很多，包括聽力異常、神經或大腦疾病、自閉症等，需要進一步評估和早期介入，發展遲緩的兒童，於3歲以前接受早期療癒的效果會比較好。

除了疾病造成的語言發展遲緩，在門診常遇到的情形是環境刺激不足：孩子通常是家中第1個寶貝，小家庭成員很少，幾乎沒有跟外人接觸，孩子「嗯嗯」、「啊啊」用手比一比，大家就懂他的意思，照顧得無微不至，也因此沒有說話的需要和動機；另外1種情形則是太早接觸3C產品，從小用手機平板當保母，影響了正常的語言和社交發展。

環境刺激不足造成的語言發展遲緩，除了接受語言治療和早點送去幼兒園與其他孩子相處外，在家馬上能做的訓練方式就是親子共讀。

親子共讀好處多

親子共讀除了可以增加寶寶的語彙、發展孩子的語言能力，還能讓孩子了解閱讀的概念，並獲得閱讀的成就感與樂趣，進而喜愛閱讀，建立一輩子的閱讀習慣，更重要的是，親子共讀還可以增進親子關係，營造幸福的時光和記憶。

親子共讀的重點不是在「讀」，而是在「共」，不用照本宣科地唸完1本故事書，而是需要親子互動和對話，所以稱作是對話式共讀。雖然對嬰兒唸故事書好像對牛彈琴，但研究發現，胎兒時期透過聽覺刺激，胎兒就有學習和記憶能力，寶寶一出生就對爸爸、媽媽的聲音和母語有明顯反應，尤其是懷孕期間

反覆唸過的故事或童謠更具有安撫新生兒的效果。

　　隨著寶寶長大，脖子挺直、身體坐穩，開始可以坐在大人的懷裡一起認識書、唸故事。共讀時可先介紹童書的封面，引起孩子的興趣，一起翻書，邊唸故事邊指著圖案或文字加以說明，也可以問孩子問題或自問自答：「這裡有什麼？」、「狗狗怎麼叫？」、「他們在做什麼呢？」，配合故事情節改變聲調，誇張一點沒關係，也要適時地停頓回應孩子，例如孩子對某頁圖片有反應，你可以問他：「你喜歡車車呀？」，並稍微對此多一些解釋或與生活做結合，例如：「我們今天也有坐車車喔！」、「我們等一下去看車車好不好？」，更能夠引起孩子的共鳴和興趣。

共讀增進親子情感

　　親子共讀之所以有趣且能吸引孩子的另 1 個原因是唸故事書時每次內容都不會完全一樣，同 1 本繪本媽媽唸的和爸爸唸的不一樣，阿公或阿嬤來唸也不一樣，就算同 1 個人每次唸同 1 本繪本也會有差異，因為對話式共讀會針對孩子的反應做出即時的回饋，不像故事朗讀 CD 或影片每次都是一模一樣的內容，就算是號稱互動的點讀筆產品或 APP 程式，也是固定幾種設定，每次點反應都相同，孩子玩過幾次很快就膩了。

　　每天親子共讀後，臭寶不只講話進步很多，每週五的分享日還常常帶童書和繪本去幼兒園唸給同學聽，人緣和社交技巧也因此改善，而且沒有刻意訓練下，他認得的字數和閱讀速度也比同年齡孩子多又快，還沒上小學就能自己閱讀沒有注音的故事書，雖然他現在（小一）都能夠自己看書了，我們還是很珍惜每日睡前的親子共讀時間。3 歲前除了是早期療癒的黃金期，也是親子共讀的黃金期，一起來親子共讀吧！

2
不要小看蛀牙

小孩蛀牙沒關係，反正乳牙會掉、恆齒長出來再好好刷？蛀牙的併發症不可小看，還是從小培養正確刷牙習慣吧！

　　只要沒有值班，臭寶就是由臭寶爸來負責幫他洗澡和刷牙。對於刷牙，臭寶一開始雖然很抗拒，但每天持續做、不偷懶，也就習慣成自然，不過因為沒有使用牙線，乳臼齒的牙縫 1 顆接著 1 顆都蛀牙，費了好大的功夫才補好牙齒，所以後來就更認真地幫他清潔牙齒和固定回診檢查牙齒。

　　在兒科門診，幾乎每個孩子都會檢查喉嚨，很難忽視牙齒的狀況，尤其是遇到滿口蛀牙的孩子，就會忍不住想叮嚀一下兒童的口腔保健，有的誇張到甚至牙齒蛀到像吸血鬼一樣變尖牙，讓我很想拿起電話撥打 113 通報兒虐。

口腔保健，從勤刷牙開始

　　寶寶喝完奶後應該用紗布擦拭口腔，乳牙萌發後可改用矽膠指套清潔，等到乳臼齒也長出來，就該用牙刷潔牙了，牙線則可以去除牙縫中的食物殘渣和牙菌斑，建議每天使用牙線清潔 1 次。因為孩子的小肌肉發展要到 6 歲才會成熟穩定，在那之前讓孩子自己刷牙是絕對刷不乾淨的，所以照顧者要每天幫忙孩子刷牙，至少到小學 1 年級為止。

剛開始幫孩子刷牙時，可能會遭受強烈的抵抗，但固定每天的刷牙時間和方式，再搭配繪本或遊戲，天天執行不偷懶，孩子就會習慣口腔清潔的方式和愛上刷牙；反之，如果孩子哭鬧就休息，有時候刷、有時候沒刷，他就會學會賴皮。

刷牙時，每天至少使用 1 次含氟牙膏；**兒童牙膏要選氟含量 1000ppm 才有預防蛀牙的效果**，3 歲前每次使用約米粒大小、3 ～ 6 歲約碗豆大小的含氟牙膏。正確使用含氟牙膏，就算刷完牙把牙膏吃下肚也不會氟中毒，家長不用擔心，需要注意的反而是兒童牙膏，通常做成水果口味，所以要小心嬰幼兒誤食整條牙膏！

除了確實口腔清潔，餵食嬰幼兒時避免大人預先咀嚼食物或其他吃到大人口水的情形，因為這樣會傳染容易蛀牙的細菌，也可能傳染皰疹病毒；1 歲以上就要積極戒奶瓶，避免含著奶瓶睡覺，並限制果汁、含糖飲料和零食的攝取；6 個月以上有乳牙開始就應該找牙醫定期塗氟和檢查，小學 1 年級學童還可以免費施作窩溝封填，預防大臼齒咬合面蛀牙。

蛀牙的併發症不可小覷

有些照顧者認為乳牙不用認真刷，蛀掉沒關係，反正以後還會長，這觀念可是大錯特錯！雖然乳牙在 6 歲左右就會開始換牙，但乳臼齒至少要用到 10 歲，而且沒有從小養成每天潔牙的習慣，長大容易有一搭沒一搭的刷牙，一不注意，新長出來的恆齒就跟乳牙一起蛀掉了。

乳牙蛀掉或因嚴重蛀牙而拔牙的話，將無法保留空間給下方

的恆齒，之後恆齒沒空間生長，牙齒就會長得歪七扭八；蛀牙太嚴重也會影響孩子咀嚼食物，造成偏挑食問題和營養不良。

　　兒童蛀牙也常常引起口腔細菌感染、口腔潰瘍和牙齦膿包，嚴重甚至造成臉部蜂窩性組織炎，下巴或臉頰會整個腫起來，需要以抗生素治療 1 週以上，千萬不要小看蛀牙呀！

不要小看蛀牙和牙齦膿包！

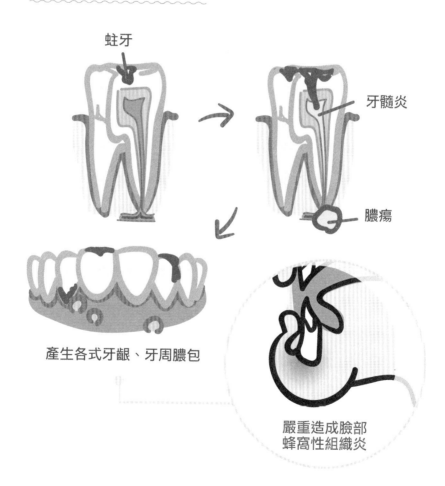

蛀牙

牙髓炎

膿瘍

產生各式牙齦、牙周膿包

嚴重造成臉部
蜂窩性組織炎

孩子有口臭？！

經常會有爸爸媽媽詢問為什麼孩子會有口臭，口臭可以簡單區分為源自口腔本身的味道、鼻腔下來的味道，或食道上來的味道。

兒童口臭最常見的就是口腔問題，例如口腔衛生不佳、蛀牙、齒齦炎，所以確實清潔口腔就能改善大部分的口腔問題。

鼻腔的問題如過敏性鼻炎、鼻竇炎造成的鼻涕倒流，偶爾也會發現孩子亂塞進鼻子的異物，造成鼻腔發炎化膿，所以如果已經好好幫孩子清潔口腔了仍然有口臭，建議就醫檢查看看是不是有鼻腔的問題，控制好過敏性鼻炎或使用抗生素治療鼻竇炎才能改善。

胃腸問題如胃食道逆流、胃炎、消化不良、便祕等也會造成吃下肚的食物氣味，經由食道造成口氣不佳，除此之外，胃食道逆流的胃酸也可能刺激鼻腔造成過敏症狀，或酸化口腔提高蛀牙可能性，需要醫生好好幫孩子檢查評估。

沒有好好幫孩子刷牙和養成潔牙的習慣不只會造成蛀牙、口臭和各種併發症，還可能影響到孩子未來與人相處和社交，或使個性較為畏縮沒自信，因為沒有人喜歡跟嘴巴臭臭的孩子做朋友。然而，每次在門診衛教口腔衛生和刷牙時，家屬的反應就是一副事不關己的跟孩子說：「你看，醫生說要刷牙吧！」臭寶爸聽到一定會馬上糾正，因為上小學前幫孩子刷牙都是大人的責任、大人的責任、大人的責任！（非常重要所以講3次。）

3

兒童視力保健

給孩子使用 3C 產品，雖然可以讓他們安靜下來，但後續所產生的視力與健康問題卻更大。

　　在門診或外面用餐時，常常看到 2、3 歲的孩子手機、平板已經滑得嚇嚇叫，或是吃飯配影片，相較之下臭寶算是史前人類，到現在還不會滑手機和平板，每天接觸的 3C 螢幕只有將作業完成後才能看 20 分鐘的電視卡通。

　　雖然非常注意臭寶的用眼習慣，以及限制他使用 3C 產品，但幼兒園的視力檢查依舊沒有過關，經眼科驗光和視力檢查後才發現他有先天高度散光和輕微弱視，所幸發現得早，經過戴眼鏡矯正和遮眼訓練後，弱視已經改善，但散光則需要持續戴著眼鏡。

幼兒常見視力問題

　　幼兒常見的視力問題有弱視、斜視、近視、遠視、散光等，除了打預防針和兒童健康檢查時，兒科醫師會做基本的篩檢，主要還是靠照顧者隨時觀察孩子是否有視力不良的症狀，才能及早發現視力問題，如果觀察到孩子注意力或眼神不集中、瞇著眼睛或歪頭看東西、常常揉眼睛、眼睛外觀異常如斜視或鬥雞眼，或黑眼珠內出現異常反光等，都需儘早至眼科就診。

6 歲前是斜、弱視治療的關鍵期，然而某些視力問題可能一開始沒有明顯症狀，所以建議 3 歲半～4 歲至眼科做第 1 次視力檢查。為使檢查順利，家長可以先在家中和孩子玩車子要從車庫「E」開出來，或是動物逃出圍牆「C」的遊戲，先在紙上練習，接著引導孩子以手勢比劃或言語說出「E」或「C」字缺口方向，再帶至眼科接受檢查。

依據教育部統計學生裸視視力不良率，國小 1 年級為 25.0%，國小 6 年級竟然增加至 6 成，其中最主要的原因就是近視。近視是 1 種不可逆且目前無法治癒的疾病，愈小近視，度數增加愈快，平均每年可以增加 100 度，當然未來變成高度近視（大於 500 度）的風險大增，而高度近視易產生青光眼、視網膜剝離、黃斑部病變、提早發生白內障，甚至導致失明。

近視最主要的原因是**長時間、近距離的用眼習慣**。以前家長常因擔心小孩近視而限制看電視、打電動，結果愈用功讀書的孩子，近視度數愈深、鏡片愈厚，這是因為和看書、寫作業相比，其實看電視的距離反而是讓眼睛休息。現在家長則是常使用手機平板作為幼兒的安撫工具，只要小孩哭鬧或坐下來用餐，就掏出手機平板讓小孩安靜，結果因近距離用眼過度，導致早發性近視。

近視雖然不能治癒，但能有效控制，除了配足眼鏡度數，依照眼科醫師指示使用長效型散瞳劑，並且定期檢查視力，最重要的還是要維持良好的用眼習慣和姿勢。

兒童3C螢幕使用建議

　　相較於我們以前長大才陸續接觸電腦、平板和智慧型手機，生活在現代的孩子從小就接觸各式各樣的 3C 數位產品，要完全不使用 3C 螢幕已經不實際且不可能了，但過度使用 3C 產品除了造成近視，也會產生肥胖、成癮、過動和專注力不集中、情緒問題等等。

　　因此，美國兒科醫學會提出兒童使用 3C 螢幕的建議：

1. 18 個月大以下嬰幼兒，除了與家人視訊之類的特殊情況外，應避免使用 3C 螢幕。

2. 18 ～ 24 個月大，如果要讓孩子使用 3C 螢幕應慎選內容，並全程由大人陪同協助孩子了解。

3. 2 ～ 5 歲兒童，除了篩選內容、大人陪同觀看使用外，應將使用時間限制在每天小於 1 小時、每次不超過 30 分鐘。

4. 針對 6 歲以上的孩子，家長仍須限制時間、內容，以不影響正常學習、活動和睡眠為原則。

　　除了依年齡的建議，應約定大人和孩子皆不能使用 3C 的時間，如用餐、搭車和睡前，或不能使用 3C 的地點，如臥室，持續了解孩子上網的內容和安全，並教導孩子成為有素養、能互相尊重的網路公民。

　　其他的研究調查也發現孩童每天晚上睡足 9 ～ 11 小時、3C 螢幕使用少於 2 小時、至少 60 分鐘中高強度的體能活動能夠有效減少及改善衝動行為，睡眠充足和限制使用 3C 螢幕也有助於過動、注意力不集中、網路或遊戲成癮的預防或治療。

　　臭寶小時候，我們出門都會帶著硬頁書，方便攜帶又比較不會壞掉，等餐或等車不耐煩時就可以拿出來親子共讀，大一點後嘗試貼紙書，反覆黏貼消磨時間，或是各式遊戲書、益智遊戲和著色本等等，減少使用 3C 螢幕的機會。用 3C 當保母，剛開始可能會覺得很輕鬆，但造成的後續問題卻往往需要花更多的心力才能更正，甚至無法回復，不可不慎呀！

兒童 3C 螢幕使用建議

● 18 個月以下：**避免使用 3C 螢幕。**

● 18 ～ 24 個月：**由大人陪同，協助兒童了解觀看內容。**

❀ 2～5歲：由大人陪同，以每天1小時、每次30分鐘為限。

❀ 6歲以上：仍須限制時間、內容，不影響正常學習、活動和睡眠。

4

長高的祕訣

父母都希望孩子能高挑出眾，除了遺傳，造成孩子矮小的原因還有哪些？少聽信轉骨偏方、多評估孩子的飲食與營養！

　　準備送臭寶上幼兒園時，比較了幾間校園，最後選了 1 間雖然園區教室不大，但戶外活動多的學校：老師每天都會帶孩子去隔壁公園活動和跑步、1 週 1 堂足球課可以在草地上跑跑跳跳、每個月都有校外教學，幾乎都是爬山或走步道行程。

　　都市裡長大的孩子，大部分時間都是室內或靜態活動，近距離用眼容易近視，日曬不足造成維生素 D 缺乏，體能活動少導致四肢協調性和感覺統合較差，體格發展受到影響，也愈來愈多家長擔心孩子瘦小或有身高問題。

孩子瘦小可能是什麼問題？

　　每天門診都會遇到擔心孩子瘦小的爸爸媽媽、阿公阿嬤，但孩子瘦小的原因很多，處置方式也不相同，有的需要做檢查、有的給予飲食建議、有的轉診給兒童內分泌科醫師做評估、有的根本沒有瘦小反而過胖。依照孩子的體重和身高，可以簡單分成以下幾類問題。

孩子瘦小常見原因與可採取的改善方式

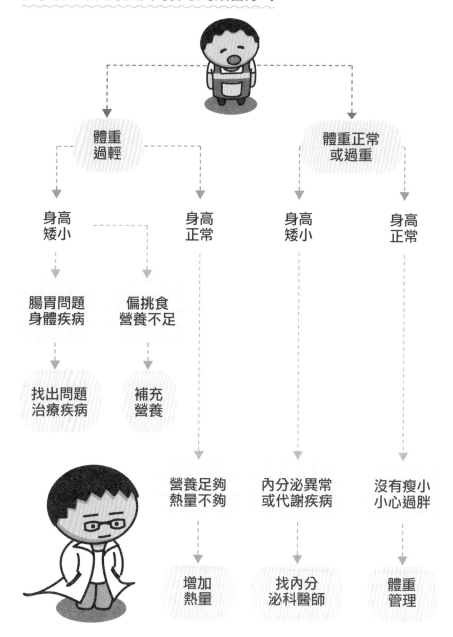

營養不足

　　孩子本身有腸胃問題或身體疾病，因為影響到營養的攝取或過度消耗造成營養不足，孩子當然瘦瘦小小的長不高。像蓋房子一樣，材料不夠就蓋不高，所以體重過輕、身高矮小的孩子建議就醫評估檢查，看看有沒有一些可以矯治的身體疾病。

營養不良

　　飲食習慣不佳或嚴重偏挑食，造成孩子營養不良或缺乏特定營養素，需要額外補充營養或做飲食調整，例如純母乳寶寶沒有適當補充副食品容易缺鐵和鋅，孩子 1 歲後沒有維持每日 2 杯乳製品則容易缺鈣。

吃不胖體質

　　體重較輕但身高正常的孩子，通常屬於吃不胖的精瘦型體質或攝取的熱量不足，比較不用擔心，但可以增加食物營養和熱量的密度或讓孩子再多吃一些，例如 1 歲後每日維持 2 杯乳製品的習慣（240ml×2 ＝ 480ml），就有 300 ～ 400kcal 的熱量，而且乳製品要餐後當點心喝才不會影響正餐的食慾；另外，牛奶可以添加麥片、優格可以添加水果等方式，每天變化增加孩子進食的樂趣和意願。

內分泌異常

　　體重正常或過重、但孩子明顯有身高矮小的問題，這類小朋友則要小心內分泌異常或代謝疾病，需密切紀錄和追蹤生長發育的情況，經兒科醫師評估視情況需要轉診至兒童內分泌科做進一步檢查。此外，孩子隨手 1 杯的含糖飲料，可能會抑制生長激素而影響身高，想要長高，最好限制孩子含糖飲料的攝取。

生長曲線圖，評估孩子身高

　　評估孩子身高是否矮小，需要跟別人比較和跟自己比較。跟別人比較就是對照兒童健康手冊裡的生長曲線百分位圖，看看孩子的身高和同年齡的兒童相比是落在哪裡，低於第 3 百分位即是有矮小的問題，需要請兒科醫師評估檢查；跟自己比較就是連續紀錄孩子的身高百分位，如果曲線的走勢異常（跨越 2 條線），例如從 50 ～ 85 區間掉到 3 ～ 15 區間，雖然沒有低於第 3 百分位，但仍代表生長發育有異常，要快點帶去給兒科醫師評估。

　　若是覺得自己繪製紀錄孩子的生長曲線很麻煩，現在有很多網路工具或 APP 可以代勞，只要輸入孩子的生日、性別、身高、體重就會自動計算好囉！（google「生長曲線」就能找到。）

　　至於很多爸爸媽媽非常關心孩子未來能長多高，雖然目前有些預估身高的計算方式，例如男生預測身高＝父母平均身高＋6.5cm，女生預測身高＝父母平均身高－ 6.5cm，但是誤差很大（±5 ～ 7cm），只能作為參考。如果孩子落後預估值很多，

或 5 歲後每年長不到 4cm，建議至兒童內分泌科做骨齡、荷爾蒙等進一步追蹤和檢查。

轉大人沒有偏方

可能因為營養比以前好或環境荷爾蒙的影響，現代的女孩胸部常提早發育，但生理期並沒有明顯提早，所以對身高的影響很小，隨便使用抑制發育的藥物、施打生長激素、購買來路成分不明的祕方都對長高沒有幫助，轉大人沒有偏方，若真的要使用轉骨方，請諮詢合格中醫師。但如果女孩 8 歲前胸部就發育、10 歲前來初經，男孩 9 歲前睪丸開始發育的話，建議就醫做進一步檢查。

育兒小筆記

其實影響身高最重要的決定因素是遺傳，如果身體檢查都正常，想要讓孩子再長高一些些，最重要的祕訣就是：**充足睡眠＋規律運動＋均衡飲食＋避免含糖飲料。**

一般嬰幼兒身高成長進度

要多運動喔！

出生
（約50cm）　　　　1歲
　　　　　　　（約75cm）　　　　2歲
　　　　　　　　　　　　　　（約87cm）　　　　5歲

出生～1歲
長25cm

1～2歲
長12.5cm

2～3歲長8cm
3～4歲長7cm
4～5歲長6cm

5歲以後每年
長5cm

男生目標身高 = 父母平均身高 +6.5cm

青春期
男生 9 歲後
女生 8 歲後

到青春期後，
每年長 10cm

女生目標身高 = 父母平均身高 -6.5cm

5

小時候胖不是胖？！

小孩就是該白白胖胖？長大抽高看起來就不胖了？肥胖帶來的並不僅是外表的不美觀，也會產生許多疾病與問題。

　　以前大部分的人都覺得寶寶要白白胖胖才可愛，認為小時候胖不是胖，但愈來愈多研究顯示：小時候胖會增加未來肥胖、代謝症候群、心血管疾病的風險；肥胖的孩子也較容易有過敏和氣喘的問題，社交上可能會被同學取笑，表現相對沒自信，且易有情緒與行為問題。

　　近年來台灣國小學童肥胖的比例約落在 15% 左右，每 6 個孩子就有 1 位有肥胖問題，其中男生肥胖比率又比女生高，嚴重的甚至提早出現高血糖、高血脂、脂肪肝和肝功能異常，因此需要更積極地防治肥胖和落實兒童體重管理。

建立健康生活型態以改善肥胖

　　評估孩子有沒有體重過重或肥胖問題最常使用的工具就是身體質量指數 BMI（Body Mass Index, BMI），BMI ＝ 體重（kg）／身高的平方（m²），BMI 標準會隨年齡和性別而改變，當 BMI 超過該年齡層的 85 百分位時為過重，超過 95 百分位時為肥胖；想知道孩子有沒有過重或肥胖問題，可以計算 BMI 後，再對照兒童及青少年生長身體質量指數建議值。以

6.5 歲孩童為例（此時男孩女孩 BMI 標準相近），身高平均落在 118cm，當體重超過 24.1kg（BMI 17.3）即是過重，超過 26.7kg（BMI 19.2）即是肥胖，因此**上小學前就超過 25kg 的孩子都要注意**。

　　雖然兒童肥胖會造成許多疾病和問題，但兒童肥胖的治療目標是要藉由建立健康的生活型態來改善，而不是以減重為目標，這是因為兒童青少年仍處於生理成長期，應避免快速減輕體重影響發育。衛福部國民健康署委託台灣兒科醫學會，藉由實證醫學的方式，制定了「兒童肥胖防治實證指引」，提供醫護人員臨床評估肥胖兒童的依據，也給了父母和照顧者很好且有效的建議，整理如下。

減少含糖飲料

　　兒童體重管理的第 1 步就是減少含糖飲料的攝取，含糖飲料包括果汁、汽水、多多、運動飲料、含糖豆漿、奶茶紅茶、各式手搖飲料。1 瓶 100ml 的多多就有 70kcal 的熱量，更不用說台灣人手 1 杯的珍珠奶茶，熱量 600kcal 起跳，幾乎是 1 餐的熱量。兒童應從小養成喝白開水、不喝含糖飲料的習慣，可以避免攝取過多熱量和預防肥胖。

減少高熱量食物和外食

　　除了含糖飲料，其他高熱量食物和點心的攝取一樣會增加肥胖的機會，而且在正餐之間吃高熱量的點心容易影響正餐的進食，應該給予限制。研究也發現經常外食的孩子會增加肥胖的

風險，尤其是常在速食店用餐的人。可能因為外食比較容易攝取到較高的熱量、脂肪、澱粉和含糖飲料，因此鼓勵在家用餐，避免大份量的食物如速食店套餐、吃到飽的用餐方式。

天天5蔬果和多運動

建議天天 5 蔬果（3 份蔬菜、2 份水果），1 份蔬菜煮熟後約半碗，1 份水果約 1 個拳頭大小，雖然多吃蔬果不能減重，但可以明顯促進健康和降低心血管疾病的風險。過多的靜態活動跟肥胖有關，雖然多運動不一定能減輕體重，但可降低體脂肪，也能降低心血管風險，建議每天規律運動 30～60 分鐘，每週累積至少 210 分鐘以上的中高強度身體活動。

需要攝取的蔬果份量

 1 份蔬菜約 100g，或煮熟後約半碗。

 1 份水果約 1 個拳頭大小：

 火龍果 1 顆

 香蕉 1 根

 份量：如砂鍋大的拳頭 1 個。

柳丁／橘子 1 顆

 木瓜 ½ 個

其他如蓮霧 2 個、草莓 6 顆、葡萄 12 顆，或可食部分水果 100g。

限制3C螢幕使用和充足睡眠

看電視和螢幕的時間愈長，肥胖的機會愈高。美國兒科醫學會建議 2～5 歲兒童應限制每天觀看 3C 螢幕時間小於 1 小時，6 歲以上的孩子，家長仍需限制時間、內容，以不影響正常學習、活動和睡眠為原則。研究也發現睡眠不足與兒童肥胖有關，因此建議每日要有充足的睡眠。

全家一起做

為了讓臭寶從小培養健康的生活型態，我們全家都避免喝含糖飲料，家中也不會準備糖果餅乾和零食，每天限制 3C 螢幕的時間，有空就安排親子或戶外活動，並藉由繪本教他認識糖、鹽、澱粉等重要營養素，養成確認食物營養成分和保存期限的習慣，而且每天準時上床睡覺。

大人控制體重最常見的動機就是健康和外觀因素，但孩子這 2 項都缺乏，因此需要家長積極介入和調整孩子生活型態及飲食才比較容易成功，其中又以家長以身作則最重要，如果父母都喝珍珠奶茶、吃雞排、蛋糕、整天滑手機不運動，如何說服孩子要控制體重？

6

預防意外傷害

新聞上時常可見家長因一時疏忽失去孩子，造成永遠的遺憾。多一點小心與防範，把意外發生的可能性降到最低吧！

　　孩子發燒生病的時候，做家長的總是非常焦慮，擔心會不會燒壞腦袋？（並不會。）會不會有重症或併發症？其實在台灣，如果懷孕時定期產檢沒異常，順利生產的健康寶寶按時接受新生兒篩檢、預防針注射等兒童預防保健服務，在身體不適時就找兒科醫師檢查和諮詢，大部分的孩子都會健康長大，但是照顧者一疏忽，小孩可能就會發生不可挽回的意外！

　　根據衛福部每年的兒少死因統計，小於 1 歲嬰幼兒的事故傷害加上嬰兒猝死症約占總死因的 1 成，1 歲以後（1 ～ 14 歲），「事故傷害」更躍升兒少死因第 1 名，占總死因的 2 成；兒童因事故傷害死亡的以非蓄意性居多，包括交通事故、意外溺水、意外墜落、火災等等，需要照顧者多加留意。

撞到頭通常不會傷腦

　　門診常常會遇到新手爸媽，寶寶第 1 次翻身就從沙發或床上掉下來，爸媽很緊張地帶來想檢查寶寶有沒有傷到腦部。臭寶嬰兒時也曾從沙發翻身跌下來撞到頭，後來跑步玩耍的跌倒受傷次數更是不計其數，甚至有 1 次我沒注意害他摔下電動手

扶梯……身為父母雖然有點自責，但沒有小孩不會撞到頭的。

　　嬰幼兒頭部外傷非常常見，不過孩子從 100cm 以下的高度跌落，幾乎不會發生腦部傷害，也不會變笨，家長不用太擔心，除非撞到頭當下有失去意識、明顯頭部外傷和血腫、或是觀察期 3 天內有嗜睡昏睡、持續嘔吐、不明原因哭鬧等危險徵兆，這時就需要就醫接受進一步檢查。

汽車安全座椅使用建議

　　在台灣，兒童因事故傷害死亡最多的就是交通事故，而能夠有效減少死亡率和嚴重傷害的就是讓孩子**每次乘車都坐汽車安全座椅。**

　　美國兒科醫學會最新的建議更強調嬰幼兒面向後方的重要性，並且請爸爸媽媽仔細閱讀汽座的說明和標示，正確使用汽車安全座椅，當孩子身高或體重達汽座的上限，就該進入下一階段，才能給孩子最好的保護。

　　美國兒科醫學會汽車安全座椅使用建議如下：

1. 所有的嬰幼兒應坐在面向後方的汽座，直到身高或體重達汽座的上限為止；大部分的雙向汽座容許孩子面向後方至少到 2 歲或以上。

2. 接著使用面向前方的汽座，直到身高或體重達汽座的上限；大部分的前向汽座可以坐到小孩 29.5kg 或以上。

3. 超過汽座上限後改用增高墊且繫安全帶直到孩子夠大能單獨使用安全帶，通常身高達 145cm 或年齡介於 8 ～ 12 歲就可以直接繫安全帶，不用增高墊。

4. 安全帶應使用 3 點式的，以提供最佳保護效果。

5. 13 歲前皆應坐在後座，最安全。

　　根據國外研究，當車子時速只有 40km，發生撞擊時會產生 30 倍體重的作用力，10kg 的幼兒，作用力就會有 300kgw，車禍當下會直接衝破擋風玻璃、拋飛身亡，「沒有人可以抱得住」，所以家長不要心存僥倖，乘車出門無論遠近都要讓孩子坐汽車安全座椅。

美國兒科醫學會汽座建議

嬰幼兒應坐在面向後方的汽座，直到身高或體重達汽座的上限。

大部分的雙向汽座容許孩子面向後方至少到 2 歲**或以上。**

接著使用面向前方的汽座，直到身高或體重達汽座的上限。

改使用增高墊＋繫安全帶直到身高達 145cm ／年齡 8 ～ 12 歲。

孩子夠大後改繫安全帶，13 歲前皆應坐在後座。

兒童戲水，家長須全程陪同

　　溺水是造成兒童事故死亡第 2 常見的原因，僅次於交通意外。事實上，只要有水的地方就可能溺水，而且溺水致死只需要短短幾分鐘。小孩跌進接冷氣水的水桶、為了接電話放孩子獨自在澡盆或浴缸裡溺斃、游泳池裡家長低頭滑手機不知道小孩溺水……都是真實發生過的案例，更不用說海邊和河畔戲水，每年夏天都是溺水意外的高峰期。

預防嬰幼兒溺水最重要的就是避免將孩子單獨留在水中或池邊，所以家中浴缸或水桶要避免儲水，嬰幼兒洗澡時成人應全程陪同，不能因為任何原因而暫時離開。居家附近的蓄水容器如水槽、水缸、水塔等均應加蓋且不易開啟，魚塭、溝圳與游泳池都應該有圍籬和門禁，讓兒童無法輕易進入。

每個孩子都應學習游泳，學游泳可以降低兒童溺水死亡的機會，但會游泳並不保證不會溺水，所以絕對不要讓孩子獨自 1 人去游泳或玩水，就算使用泳圈、臂圈也要小心，它們不是救生衣的替代品，還是有一定的危險性。

很多時候雖然有救生員在場，兒童溺水事件還是發生了，所以無論是否有救生員，建議自己的孩子自己顧，而且就近（一臂之遙）監看，特別是在社區泳池、充氣式泳池或各種親水設施玩水時，更不能低頭滑手機或顧著聊天，這樣才能在孩子發生意外時，及時發現並拉他一把。

評估孩子能否單獨在家

偶爾會看到新聞，孩子睡醒後找不到爸爸媽媽，跑出家門發生意外或是爬窗爬牆造成墜樓，到底何時可以讓孩子單獨在家或出門呢？美國兒科醫學會認為小孩至少要大於 10 歲才有能力應變緊急狀況，所以 10 歲以下的孩子建議有人照顧，不建議單獨在家或在車上，不過因為個體差異很大，父母評估小孩是否有能力單獨在家可以參考以下項目：

1. 法律規定。（兒童及少年福利與權益保障法：不得使 6 歲以下兒童或需要特別看護之兒童及少年獨處或由不適當之人代

為照顧。）

2. 小孩是否守規矩？緊急狀況能夠做決定？（例如能判斷何時需要撥打 110 ／ 119。）

3. 小孩的身心狀況是否能夠單獨在家？（小孩生病或睡覺時可能不適合。）

4. 需單獨在家多久？（如果跨用餐時間，小孩是否能夠自行準備餐點？）

5. 單獨在家的頻率？（太頻繁單獨在家，孩子的生理和心理需求可能被疏忽。）

　　不適合單獨在家的孩子當然也不適合互相照顧，所以 10 歲以下的孩子們不建議相處一室沒大人；單獨外出的年紀也和單獨在家差不多，一般皆建議 10 歲以上。

　　臭寶從出生離開醫院時就使用汽車安全座椅，雖然剛開始會哭鬧，但為了安全不容妥協，習慣汽座後，每次上車後便能安穩地睡著；從小仰睡減少發生嬰兒猝死的機會，會爬會走之後使用安全圍欄，避免他接觸危險的物品，平常也會利用繪本教他預防燙傷、跌落、窒息等意外傷害和介紹家中常見的陷阱；上小學後，我們開始讓臭寶練習單獨在家一會兒，並告訴他如果發生事情時要怎麼辦，希望他能愈來愈會照顧自己，平平安安、健健康康地長大。

7

如何幫孩子挑玩具？

市面上的玩具五花八門，挑對玩具，不僅孩子玩得開心、父母放心，更能訓練孩子的思考、邏輯推理等等。

　　我和臭寶經常去逛玩具店，臭寶很少吵著要買玩具，因為我們從來沒有因為他吵就買玩具給他，通常在特殊節日（生日、聖誕節、過年紅包）、集滿好寶寶貼紙或有特殊表現時才會買玩具給他，他花最多時間玩的玩具是樂高積木，最近也很常跟我們一起玩桌遊，手機和平板則是到目前為止都還沒有玩過。

安全性最重要

　　買玩具給孩子首要挑選條件就是安全，選擇玩具要適合孩子的年齡，買超過年齡標示的玩具可能對孩子產生危害，例如 3 歲以下的玩具不能有小零件，因為嬰幼兒可能會發生誤食意外。

　　也千萬不要讓孩子有機會拿到鈕扣電池和磁鐵，玩具或 3C 產品常會使用到鈕扣鋰電池，電池的電流與負極產生的氫氧化物會引起嚴重的電灼傷，如果塞進鼻子會造成鼻中隔穿孔，卡在食道會造成食道廔管、食道穿孔、氣胸，嚴重甚至死亡，所以常常需要緊急做胃鏡取出；如果是吞了 2 顆以上的磁鐵，磁鐵可能在不同段的腸子裡互相吸引，像夾心餅乾一樣，壓迫腸壁以至於腸子壞死穿孔，導致腹膜炎，每年都有好幾例孩童因

誤食磁鐵或磁珠（巴克球）需開刀取出的案例。

　　除了注意小零件、鈕扣電池和磁鐵，照顧者給孩子玩具之前，應移除所有的標籤、橡皮筋、繩子、緞帶，30cm 以上的線繩可能會纏繞脖子導致窒息；務必熟讀玩具的標示和安全注意事項，並確定孩子會正確使用；玩具請妥善收納，要小心別讓嬰幼兒拿到較大孩子的玩具，且避免收納在危險的地方，例如可能會倒下的櫃子裡。

誤食磁珠（巴克球）的危害

1　誤食多顆磁珠

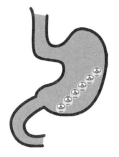

2　腸胃蠕動時分開

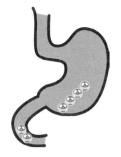

3　重新再相吸，壓迫腸黏膜造成壞死

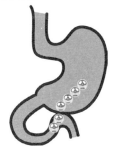

4　甚至像夾心餅乾，造成一連串穿孔

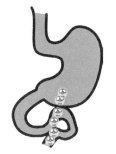

造成腸胃穿孔、廔管、腹膜炎，幾乎都要開刀處理！

互動式玩法更聰明

　　雖然市面上有許多標榜益智的玩具或刺激感覺統合的商品，但很多研究和建議都指出嬰幼兒玩具最重要的功能是促進親子交流和關係，玩玩具可以促進心智發展的結論也是來自於孩子和照顧者一起玩的研究，並不是讓小孩自己玩。

　　美國兒科醫學會建議父母選擇能增進孩子和照顧者交流、鼓勵探索、解決問題、激發想像力的玩具。好的玩具不必新潮或昂貴，有時愈簡單的玩具愈好，它們提供孩子想像和創意的空間，例如同 1 組積木在不同情境、不同年紀，會有不同的玩法。

　　近來愈來愈多父母讓孩子玩 3C 產品，但研究顯示每天使用 3C 螢幕超過 1 小時的孩子，核磁共振檢查大腦白質發展明顯變差，幼童語言跟認知功能也較低，不過傷害大腦的不是 3C 本身，而是每多花 1 小時在螢幕上，就少 1 小時跟人互動，其實這道理和親子共讀類似，強調的不是讀，而是「共」，對話式共讀和親子互動才能真正刺激腦部、促進語言和社交發展，所以如何玩得聰明？答案很簡單，就是「陪玩」。

桌遊訓練多種能力

　　桌上遊戲，簡稱為桌遊，我們小時候玩的撲克牌、象棋、西洋棋、跳棋、大富翁等都算是桌遊，可能因為 3C 產品的普及和手遊盛行的影響，現代的孩子愈來愈少玩桌遊。

　　桌遊通常需要 2 人以上一起玩，遊戲過程藉著使用板塊、紙牌、骰子、棋子或米寶（木製小人偶）、甚至積木和各式各

樣像玩具的配件，完成競爭、合作或特殊任務。

　　桌遊不是大人的專利，兒童能玩的桌遊種類也相當多，有比賽手眼協調的疊疊樂、訓練記憶力的配對遊戲、需要專注力和觀察力的比較異同、路徑規劃或幾何圖形的拼放遊戲等等，也不乏熱門桌遊推出簡化的兒童版本，非常適合「陪玩」。

　　玩是兒童最好的學習方式，玩桌遊不只能夠增進孩子的數學計算能力，也訓練邏輯、推理與思考，更重要的是可以增進親子互動和親子關係，就算和 3C 不離手的孩子玩桌遊還是能引起相當的興趣，減少他們使用 3C 螢幕的時間。

　　在朋友的介紹下，臭寶 3 歲多開始接觸桌遊，第 1 次玩的遊戲是轉盤收集農作物的《蔬果市場》和類似蛇梯棋的《火箭與彗星》，認識桌遊的規則、輪流、輸贏等遊戲概念後，陸陸續續又嘗試了《骰子街》、《地產大亨馬利歐冒險》、《多米諾王國》、《卡卡頌兒童版》、《UNO》等桌遊，現在各式各樣的桌遊已經占滿客廳的電視櫃，兒童桌遊已成為我們全家每天必備的親子活動。

8

出發！帶孩子出國

許多父母樂於讓孩子見識廣闊的世界，為了不因孩子哭鬧、生病而影響行程，出國前多做準備，可讓旅程更順利！

　　第 1 次帶臭寶出國是他 2 歲半的時候，我們跟團去日本九州坐火車，因為他個性非常敏感怕生，遇到陌生人或陌生環境，總是要花很長的時間才能適應，所以出國前我們做了很多準備，出國的過程也很辛苦，雖然旅遊的細節他都不記得了，但帶孩子出國不僅給父母滿滿與孩子親密的回憶，也訓練孩子勇於嘗試新事物、適應新環境的能力，後來又陸續帶臭寶去了東京迪士尼、香港海洋公園、搭江之島電車、歐洲奧匈之旅和名古屋樂高樂園。

出國前建議施打疫苗

　　隨著時代進步，搭飛機出國旅遊愈來愈方便，嬰兒推車也可以一直推到登機，因此孩子出國的年齡沒有太大的限制。不過，最近國際疫情頻傳，尤其是麻疹、A 型肝炎、流行性感冒等，建議出國前上衛福部疾病管制署的網頁查詢當地疫情狀況或至門診諮詢醫師，讓孩子完成這些疫苗後再出國比較放心。

　　在台灣，1 歲才會公費接種麻疹、腮腺炎、德國麻疹 3 合1 疫苗（MMR），如果孩子未滿 1 歲要出國，可以先自費接種

1 劑 MMR，待滿周歲後再完成公費疫苗。施打 MMR 疫苗需 2 週才能產生保護力，所以孩子需於出國 2 週前完成疫苗接種。

準備常用藥物

隨著國人帶孩子出國旅遊愈來愈頻繁，常常有爸媽來門診諮詢出國要帶什麼藥。

出門在外，最怕就是孩子發燒，嬰幼兒常常 1 個小感冒就會發高燒，一發燒就變成無尾熊，整天哭鬧要爸媽抱，行程一定受影響。雖然退燒藥是出國必備藥物，但比較容易發生藥物過敏，建議攜帶平常習慣使用的退燒藥。

止吐、止瀉等腸胃藥也是出國必備藥品之一，尤其是前往衛生習慣不佳的國家。另外，要注意孩子每天的排便習慣，不然因為便祕肚子痛要跑急診就糗了。

有些父母會準備感冒藥，其實鼻水咳嗽是最不會影響行程的症狀了，建議準備含抗組織胺的感冒藥，除了感冒可以使用，如果吃到沒吃過的或不新鮮的食物發生蕁麻疹時，抗組織胺可以用來緩解過敏；氣喘過敏兒最擔心氣喘突然發作或嚴重夜咳影響睡眠，需要準備氣管擴張劑和氣管消炎藥（類固醇），這些藥物需要事先諮詢過醫師用法及用量。

至於外用藥，可視前往的地區準備乳液、防蚊液、蚊蟲咬傷或外傷藥膏等等。事實上，能夠靠備藥解決都算是小問題，如果真的很不舒服或吃藥沒效，還是要儘快就醫，以免延誤病情。

改善搭機不適、降低緊張

帶孩子搭飛機最怕孩子焦慮和身體不舒服哭鬧，事先準備就能減少發生的機率。

飛機起降時，大氣壓力的改變會影響中耳壓力引起耳朵痛，特別是飛機降落的時候，大部分的人可以靠打呵欠、吞嚥、咀嚼或捏鼻子閉嘴吹氣來改善，但嬰幼兒較難完成這些動作，所以可藉由哺乳或瓶餵來減緩耳朵不適，大一點的孩子則可以選擇喝飲料或咀嚼食物，我們每次都會自備水果軟糖給臭寶在飛機起降時吃。

有些家長擔心孩子會不會暈機，暈機好發於 2 ～ 12 歲兒童，如果孩子每搭必暈，想幫孩子準備暈機藥，請先諮詢醫師，並於搭機前至少 30 分鐘服用，勿直接使用大人的暈機藥。除了吃藥預防，也可以讓臉部吹吹冷風、視線看向窗外遠方、選擇靠近機翼的座位來改善暈機症狀。

爸爸媽媽在出國前可以先和孩子一起讀關於搭飛機旅行的繪本，帶孩子認識飛機，熟悉出境檢查、行李托運、候機、登機等搭飛機的過程，並介紹在機場和飛機上會遇到的機組人員和空服人員，讓孩子第 1 次搭飛機時不緊張。

經過幾次出國旅行，隨著年紀長大，臭寶不只喜歡跟我們出國，也愈來愈有自己的意見。規劃出國行程時，可以多讓孩子參與討論，練習表達自己的意見，但行程不用完全遷就孩子，利用遊戲闖關或收集任務換禮物，提高孩子嘗試新事物的意願；準備一些繪本、貼紙書、小玩具或小零食打發孩子的時間，父

母親可以藉此稍微喘口氣；除了拍照留念，帶些紙筆給孩子塗鴉或寫些簡單的文字做記錄，孩子出國旅遊印象更加深刻，也更有意義。

帶孩子出國前的準備清單

疫苗施打

☐ 流感疫苗　　　　　　　☐ A 型肝炎疫苗
☐ 麻疹、腮腺炎、德國麻疹 3 合 1 疫苗（請於出國前 2 週完成接種）

常用藥物

☐ 退燒藥　　　　　　　☐ 腸胃藥（止瀉藥、止吐藥等）
☐ 感冒藥（建議含抗組織胺成分）
☐ 氣管擴張劑或類固醇（如果孩子有氣喘）
☐ 乳液　　　　　　☐ 防蚊液　　　　　☐ 蚊蟲咬傷藥
☐ 外傷藥膏

搭機與其他準備

☐ 繪本、貼紙書　　　☐ 小玩具　　　　　☐ 紙、筆
☐ 暈機藥（搭機前至少 30 分鐘前服用）
☐ 軟糖、小零食（咀嚼、吞嚥改善飛機起降造成的耳朵痛）

兒科醫師想的和你不一樣

0～5歲
幼兒照護圖解寶典

新生兒照護、嬰幼兒餵食、發燒感冒過敏等常見疾病，教你養出健康寶寶

作　　　者	陳敬倫	
插　　　畫	陳敬倫	
編　　　輯	簡語謙	
校　　　對	簡語謙、陳敬倫	
美 術 設 計	吳靖玟	
發 行 人	程顯灝	
總 編 輯	呂增娣	
主　　　編	徐詩淵	
編　　　輯	吳雅芳、黃勻薔	
	簡語謙	
美 術 主 編	劉錦堂	
美 術 編 輯	吳靖玟、劉庭安	
行 銷 總 監	呂增慧	
資 深 行 銷	吳孟蓉	
行 銷 企 劃	羅詠馨	
發 行 部	侯莉莉	
財 務 部	許麗娟、陳美齡	
印 務	許丁財	
出 版 者	四塊玉文創有限公司	
總 代 理	三友圖書有限公司	
地　　　址	106台北市安和路2段213號9樓	
電　　　話	（02）2377-4155	
傳　　　真	（02）2377-4355	
E - m a i l	service@sanyau.com.tw	
郵 政 劃 撥	05844889 三友圖書有限公司	

總 經 銷	大和書報圖書股份有限公司
地　　　址	新北市新莊區五工五路2號
電　　　話	（02）8990-2588
傳　　　真	（02）2299-7900
製 版 印 刷	卡樂彩色製版印刷有限公司
初　　　版	2020年03月
一 版 二 刷	2024年03月
定　　　價	新台幣 360元
I S B N	978-986-5510-08-4（平裝）

國家圖書館出版品預行編目 (CIP) 資料

兒科醫師想的和你不一樣：0～5歲幼兒照護圖解
寶典，新生兒照護、嬰幼兒餵食、發燒感冒過敏等
常見疾病，教你養出健康寶寶 / 陳敬倫作. -- 初版.
-- 臺北市：四塊玉文創，2020.03
　　面；　公分
ISBN 978-986-5510-08-4（平裝）

1. 育兒 2. 幼兒健康

428　　　　　　　　　　　　　　109001753

Mon Bonbon 寶寶生活品牌

為身為母親,所以更加了解媽媽們生活和育兒過程中的細膩需求。Mon Bonbon尋訪國內外母親及嬰幼兒生活特色品牌,包括展現當季潮流的實穿單品,以及經得起時間考驗的的質感生活物件,同時經營自有天然保品及經典款童裝品牌,讓親子生活用品為家帶來更多溫柔的美好風景。

本口水巾　　Mon Bonbon 英國手工髮飾　　Mon Bonbon 法式香氛洗沐　　Toi-meme 法式音樂夜燈　　Mon Bonbon cashmere　　Mon Bonbon 禮盒

n Bonbon 品牌概念店

址:台北市大安區大安路一段96巷3號1樓（MRT忠孝復興站3號出口）

業時間: 12:00 - 20:00　　電話: 02-8772-6228

Website　　Facebook

睡覺也需要練習：治療失眠從活化心靈開始，24週讓你一夜好眠

作者｜劉貞柏（阿柏醫師）
定價｜320元

遠離失眠與焦慮的惡性循環！不吃藥也能好好睡。透過練習，重新認識自己，活化心靈，用24週的時間帶你擺脫失眠，回歸正常生活。

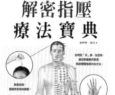

解密指壓療法寶典

作者｜劉明軍、張欣
定價｜320元

雙手並用，從頭到腳按出健康好體質，遠離生活小病痛！只要正確的按壓穴道，即可簡單有效的達到養生方法。讓你按得放鬆、按出樂趣、按來健康。

你要跟眼科醫師這樣説：0～100歲的眼睛自我檢查手冊

作者｜蕭裕泉
定價｜390元

根據研究，越正確的描述病情，對於診斷與治療越有幫助。本書讓你了解自己的眼睛，並且可以跟眼科醫師做最正確的描述，確保眼睛健康，隨時擁有好眼光！

懷孕聖經

作者｜Collège National des Gynécologues et Obstétriciens Français（CNGOF）, Jacques Lansac et Nicolas Evrard
譯者｜馬青、喬紅
定價｜820元

6000位醫學專家、140幅示意圖、45張超音波檢查圖，從懷孕的各階段，為準媽媽解答孕期常見問題。

居家穴位調養的第一本書：按一按、揉一揉，就能照顧全家人健康

作者｜李志剛
定價｜320元

全身6大部位穴道詳細解析、52個萬能養生穴道、老人小孩都適用的按摩方法，北京中醫藥大學教授提供的行醫實例，全身穴位拉頁，按圖索驥輕鬆找穴點。

家庭必備的醫學事典：疾病×藥品×醫用語，實用的醫療小百科

作者｜中原英臣
譯者｜謝承翰
定價｜320元

日本醫學博士為家庭量身訂做的家醫知識書，疾病、藥物、醫學用語、急救常識等125種健康知識，讓你遠離對醫學名詞的恐懼，面對疾病不再霧煞煞！

不只是陪伴：永齡‧鴻海台灣希望小學與孩子們的生命故事

作者｜永齡‧鴻海台灣希望小學專職團隊作者群
定價｜360元

30則動人生命故事，讓你看見孩子的努力與轉變。為每個孩子想方設法，讓每個孩子，都能展現自己的優勢，有自信地繼續長大。

青少年的情緒風暴：孩子，你的情緒我讀懂了

作者｜莫茲婷
定價｜320元

其實，孩子變得暴躁，可能是心裡充滿悲傷或恐懼。面對青少年，爸爸媽媽也該開始學習，如何了解孩子情緒背後，真正想說的話。

與孩子，談心：26堂與孩子的溝通課

作者｜邱淳孝
定價｜350元

這是一本獻給新世代父母的教養書，最符合人性且最實用的親子溝通方式，送給每一個孩子，也送給曾是孩子的每一位大人。

全球化的教育課：啟發IN、管教OUT，史丹佛媽媽的美式教育心法

作者｜唐蘭蘭
定價｜320元

在這個提倡全球化教育的世代，「啟發」孩子遠比「管教」來得更重要，不僅決定孩子未來的格局，也是其成長的關鍵所在。

慢慢來，我等你：等待是最溫柔的對待，一場用生命守候的教育旅程

作者｜余懷瑾
定價｜320元

每一個孩子都有其特質，本書將跟讀者分享，如何能看見每個孩子的亮點，讓每個孩子都能在他們能發揮的領域裡得到專屬的榮耀。

做孩子的超級粉絲！用心不用力，傾聽是最好的教育

作者｜李育銘
定價｜300元

他是如何發掘孩子的長處，不僅大女兒如願上了劍橋，小女兒也在運動手藝等領域活躍精彩。他一路陪伴，最終不只是老爸，更是女兒的超級粉絲！

藏獒是個大暖男：西藏獒
犬兒子為我遮風雨擋死，絕對
不會背叛我的專屬大暖男

作者｜寶總監
定價｜320元

只要你對狗好，狗就會加倍
的對你好。人生低潮時不離
不棄的陪伴，遇到外敵時毫
不猶豫的守護你，這就是我
的專屬大暖男巴褲。

貓，請多指教3：
用最喵的方式愛你

作者｜Jozy、春花媽
定價｜290元

動物溝通師一春花媽、漫畫
家一Jozy，聯手合作透過超
萌有趣的四格漫畫，動人心
弦的互動故事，分享寶貝們
的心裡事，讓你用更體貼的
方式愛他們。

為了與你相遇：100則暖
心的貓咪認養故事

作者｜蔡曉琼（熊子）
定價｜350元

畫家熊子歷經一年的採訪，
記錄街頭流浪貓尋愛的故
事，透過一幅幅幸福的貓咪
畫像，搭配一則則動人的認
養故事，呈現出在動物與人
之間，愛有多美好。

跟著有其甜：米菇，我們
還要一起旅行好久好久

作者｜賴聖文、米菇
定價｜350元

一個19歲的男孩，一隻被人
嫌棄的黑狗（米菇），決定
一起出發去旅行。因為愛，
更因為不想有遺憾，所以必
須啟程。

奔跑吧！浪浪：從街頭到
真正的家，莉丰慧民V館22個
救援奮鬥的故事

**作者｜楊懷民、大城莉莉
張國彬**
定價｜300元

毛孩子傷痕累累的身體及受
傷的心靈，都在作者們滿滿
的愛之下復原，這不只是救
援，還是人類與毛孩子一起
攜手奮鬥的故事，是天地之
間，最觸動人心的篇章。

我的貓系生活：有貓的日
常，讓我們更懂得愛

作者｜露咖佩佩
定價｜350元

高人氣貓系部落客露咖佩
佩，獨家分享與自家三貓的
生活、貓咪訓練與日常照
護！揭露那些你所不知道的
貓事，帶你近距離接觸最真
實的貓，有圖有真相！

親愛的讀者：

感謝您購買《兒科醫師想的和你不一樣：0～5 歲幼兒照護圖解寶典，新生兒照護、嬰幼兒餵食、發燒感冒過敏等常見疾病，教你養出健康寶寶》一書，為感謝您對本書的支持與愛護，只要填妥本回函，並寄回本社，即可成為三友圖書會員，將定期提供新書資訊及各種優惠給您。

姓名＿＿＿＿＿＿＿＿＿＿＿＿　出生年月日＿＿＿＿＿＿＿＿＿＿

電話＿＿＿＿＿＿＿＿＿＿＿＿　E-mail＿＿＿＿＿＿＿＿＿＿＿＿

通訊地址＿＿＿＿＿＿＿＿＿＿＿＿＿＿＿＿＿＿＿＿＿＿＿＿＿＿

臉書帳號＿＿＿＿＿＿＿＿＿＿＿＿＿＿＿＿＿＿＿＿＿＿＿＿＿＿

部落格名稱＿＿＿＿＿＿＿＿＿＿＿＿＿＿＿＿＿＿＿＿＿＿＿＿＿

1 年齡
□ 18 歲以下 □ 19 歲～25 歲 □ 26 歲～35 歲 □ 36 歲～45 歲 □ 46 歲～55 歲
□ 56 歲～65 歲 □ 66 歲～75 歲 □ 76 歲～85 歲 □ 86 歲以上

2 職業
□軍公教 □工 □商 □自由業 □服務業 □農林漁牧業 □家管 □學生
□其他＿＿＿＿＿＿＿＿＿＿＿＿＿＿＿＿＿＿＿＿＿＿＿＿＿＿

3 您從何處購得本書？
□博客來 □金石堂網書 □讀冊 □誠品網書 □其他＿＿＿＿＿＿＿
□實體書店＿＿＿＿＿＿＿＿＿＿＿＿＿＿＿＿＿＿＿＿＿＿＿＿

4 您從何處得知本書？
□博客來 □金石堂網書 □讀冊 □誠品網書 □其他＿＿＿＿＿＿＿
□實體書店＿＿＿＿＿＿＿＿
□ FB（四塊玉文創／橘子文化／食為天文創 三友圖書──微胖男女編輯社）
□好好刊（雙月刊） □朋友推薦 □廣播媒體

5 您購買本書的因素有哪些？（可複選）
□作者 □內容 □圖片 □版面編排 □其他＿＿＿＿＿＿＿＿＿＿＿

6 您覺得本書的封面設計如何？
□非常滿意 □滿意 □普通 □很差 □其他＿＿＿＿＿＿＿＿＿＿＿

7 非常感謝您購買此書，您還對哪些主題有興趣？（可複選）
□中西食譜 □點心烘焙 □飲品類 □旅遊 □養生保健 □瘦身美妝 □手作 □寵物
□商業理財 □心靈療癒 □小說 □其他＿＿＿＿＿＿＿＿＿＿＿＿

8 您每個月的購書預算為多少金額？
□ 1,000 元以下 □ 1,001～2,000 元 □ 2,001～3,000 元 □ 3,001～4,000 元
□ 4,001～5,000 元 □ 5,001 元以上

9 若出版的書籍搭配贈品活動，您比較喜歡哪一類型的贈品？（可選 2 種）
□食品調味類 □鍋具類 □家電用品類 □書籍類 □生活用品類 □ DIY 手作類
□交通票券類 □展演活動票券類 □其他＿＿＿＿＿＿＿＿＿＿＿＿

10 您認為本書尚需改進之處？以及對我們的意見？
＿＿＿＿＿＿＿＿＿＿＿＿＿＿＿＿＿＿＿＿＿＿＿＿＿＿＿＿＿＿

感謝您的填寫，
您寶貴的建議是我們進步的動力！